Swift
程序设计
实战入门

蔡明志 著

机械工业出版社
China Machine Press

图书在版编目（CIP）数据

Swift程序设计实战入门 / 蔡明志著. -- 北京：机械工业出版社，2015.11

ISBN 978-7-111-51905-8

Ⅰ.①S… Ⅱ.①蔡… Ⅲ.①程序语言－程序设计 Ⅳ.①TP312

中国版本图书馆CIP数据核字(2015)第252955号

本书版权登记号：图字：01-2015-1582

Swift 集合了 C 与 Objective-C 程序语言的优点，但比这两种编程语言在编译与运行上更加快捷。本书依据此特性编写正文与设计范例程序，必要时辅以图形解释，全书内容简明易懂，即使没有学过任何程序语言的人也能快速上手。

本书分 18 章，从如何使用 Xcode 开始讲解，包括变量与常量、循环语句、选择语句、函数、数组与字典等；接下来是面向对象程序设计，如类、继承、重载、重写以及泛型等内容；最后讨论编写 iOS App 时用到的主题，如初始化与析构、自动引用计数、可选链以及协议等。

本书内容全面，不仅涵盖各种重要语言工具的基础知识，更重要的是设计了大量的程序，适合广大计算机爱好者及编程人员学习，也可供大中专院校相关专业在校师生参考阅读。

Swift程序设计实战入门

出版发行：机械工业出版社（北京市西城区百万庄大街22号　邮政编码：100037）

责任编辑：夏非彼　迟振春

印　　刷：中国电影出版社印刷厂

开　　本：188mm×260mm　1/16

书　　号：ISBN 978-7-111-51905-8

版　　次：2016年1月第1版第1次印刷

印　　张：19.25

定　　价：55.00元

前　言

　　笔者看过与研究过许多编程语言，大家可以列举的语言大多都有所涉及。最近因为编写 iOS 的 App，所以大部分时间都在使用 Objective-C。要学会 Objective-C 可能会有一些门槛，若用户已有一些 C 与 C++的语言基础，可能比较容易跨越。

　　其实 Objective-C 现在已经容易多了，以前的引用计数（reference count）不易掌控，可以说是程序员的梦魇，现在已经改为自动引用计数（automatic reference count），绝不会因为内存不足而死机，这是程序员的福音。

　　尽管如此，Apple 为了适应新的 Xcode 6 环境，2014 年 6 月也公布了开发 iOS 与 OS X App 新的程序语言，名为 Swift。它建立在 C 与 Objective-C 之上，并采用安全性高的程序设计模式以及加入最新的属性，使得程序设计更具灵活性和趣味性。在内存的管理上它也使用自动引用计数，和 Swift 的意思相同，它的编译与运行犹如燕子般轻盈、快速。

　　本书参考 Apple 官方公布的 Swift 程序语言，经过整理后以浅显易懂的语言阐述，配合丰富的范例程序、图表，以及每章结尾的习题，让用户可以快速编写 Swift 程序。本书共分 18 章，以编写简单的范例程序开始，接着是变量、常量与数据类型、运算符、循环语句、选择语句、集合类型、函数、闭包、类与结构、属性与方法、继承、初始化与析构、自动引用计数、可选链、类型转换与扩展、协议、泛型以及运算符等。

　　读完这 18 章的精彩正文，用户就可以进入编写 iOS 与 OS X App 的行列，为自己的人生注入新的契机。本书的封面取用燕子的图像，以 Apple 官方的燕子图片为底，搭配真实燕子飞翔的图片（由田念鲁先生提供），带用户翱翔天空，美梦成真。

　　本书范例和习题的程序代码下载地址为：http://pan.baidu.com/s/1qiizs。

　　如果下载有问题，请电子邮件联系 booksaga@126.com，邮件主题为"求 Swift 程序设计实战入门代码"。

蔡明志

2015 年 7 月

目　录

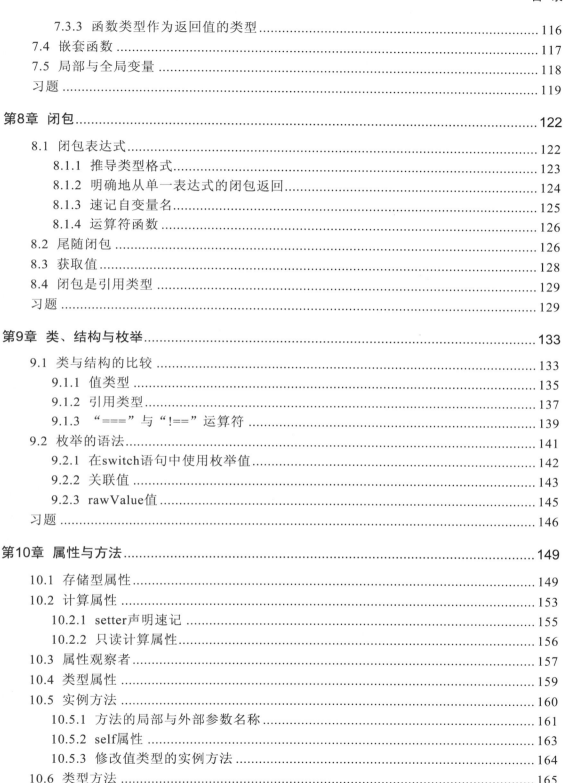

第 1 章
从简单的范例谈起

1.1 编写您的第一个程序

假设我们想编写一个简单的 Swift 程序，输出结果如下：

```
Learning Swift now!
```

安装完 Xcode 后，可以在应用程序中找到 Xcode 图标（icon）🔨，建议将 Xcode 图标拖动到 Dock 上，方便以后打开时使用。

打开后可以看见 Xcode 的欢迎画面，如图 1-1 所示。此处可以选择打开新的项目（Project），或打开之前编写的项目。

图 1-1 Xcode 欢迎画面

接着选择 Create a new Xcode project，以便打开一个新的项目。当然，也可以借助系统 Xcode 的菜单，选取 File→New→Project…打开新的项目，如图 1-2 所示。

图 1-2 File 菜单下的选项

打开项目后，可选择要打开的项目类型，如图 1-3 所示。

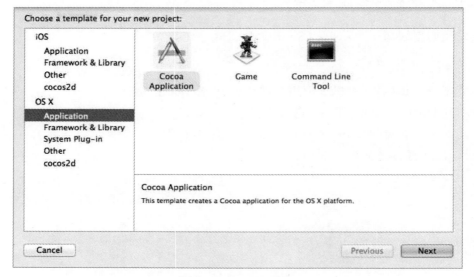

图 1-3 OS X 项目类型

　　OS X 的项目有许多类型可供选择，由于此处仅示范编写一个输出"Learning Swift now!"这一字符串的程序，因此，在左框中选择 OS X 下方的 Application，并在右框中选择 Command Line Tool（命令行工具），此项目仅介绍 Swift，所以使用 Command Line Tool。如果要编写有关 iPhone 程序的范例，此时在添加项目时需要使用 iOS 下方的 Application，如图 1-4 所示。

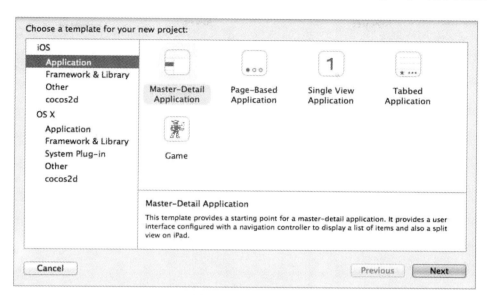

图 1-4 iOS 项目类型

当在如图 1-3 所示的对话框中选择 Command Line Tool，单击 Next 按钮后，画面如图 1-5 所示，请在 Project Name 中输入 myFirst，也在 Organization Name 和 Organization Identifier 中输入一个名称，这些都可以自行命名，以及 Language 的选项，请选取 Swift。

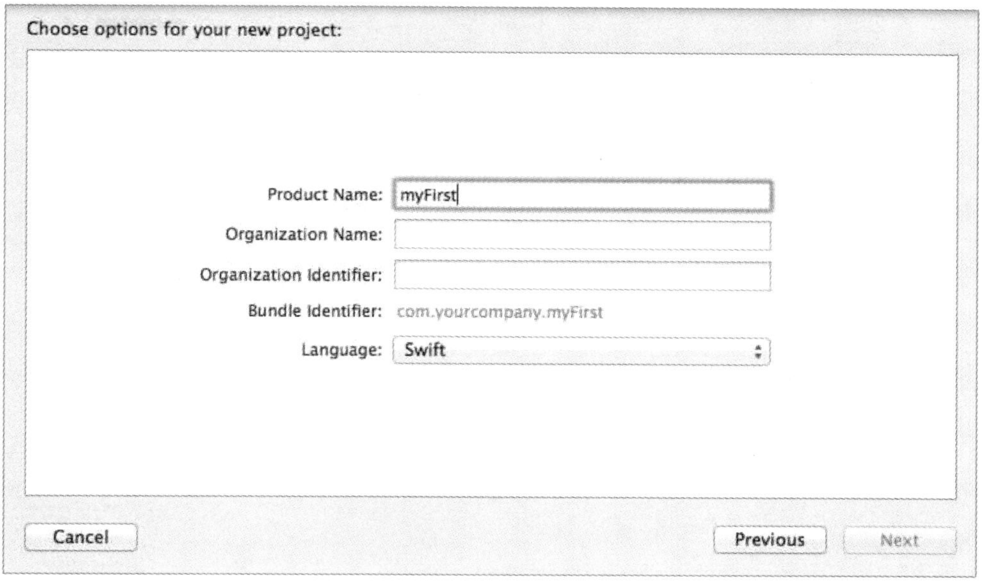

图 1-5 项目名称命名及编译语言选择

目前 Xcode 6 仍然提供对 Objective-C 语言的编译，但是由于目前要介绍的是 Swift，因此 Language 的选项请选择 Swift。

单击 Next 按钮后，请选择项目要存储的位置，位置可以任意选择，此范例存储在已经事先在桌面中创建好的"Swift 范例程序"文件夹下，最后单击 Create 按钮，如图 1-6 所示。

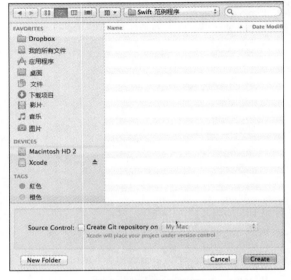

图 1-6 项目存储位置

完成后，将会出现如图 1-7 所示的编辑与运行画面，请单击 myFirst 下的 main.swift。

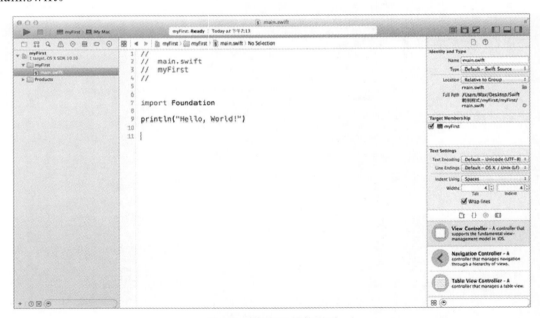

图 1-7 编辑与运行的画面

单击文件 main.swift，可以看见 Xcode 自动帮我们产生的程序模板，其中.swift 为 Swift 使用的扩展名。

接着做一点小小的修改，将下一行语句"println("Hello, world!")"改为："println("Learning Swift now!")"，如图 1-8 所示。

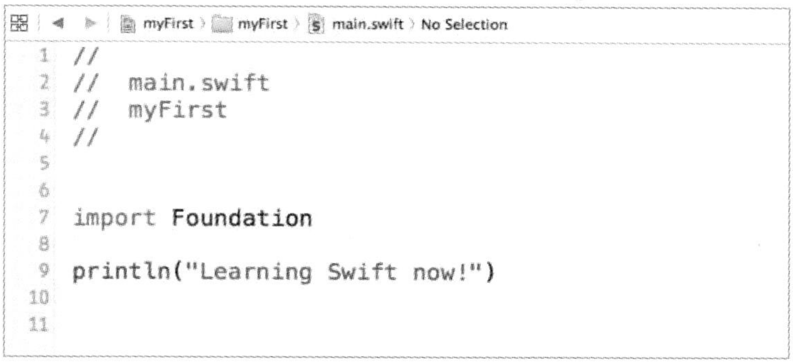

图 1-8 修改后的程序

println 函数是以双引号括起来的字符串为参数。字符串中出现什么就显示什么。详细说明请参阅第 2 章的内容。

值得一提的是，在 Swift 语言中每一行程序代码的结尾都不需要以分号"；"作为结束标记。

修改完成后，单击如图 1-7 所示的▶符号，Xcode 会开始编译与运行源代码。若无错误，则输出结果如图 1-9 所示。

图 1-9 输出结果的画面

在图 1-9 的下方，我们所看到的输出结果是由 println 函数产生，如下所示：

```
Learning Swift now!
```

1.2 程序解析

程序的第一行是"import Foundation"，此语句的功能是加载所有对 Swift 有效的 Foundation API，包括 NSDate、NSURL、NSMutableData，以及这些类的所有方法、属性以及对象。

如图 1-8 所示的程序代码都为系统自动产生，也就是说上述所列的语句可以不必加以理会，只要知道其功能即可，我们只修改了 println 函数这一行语句而已。

println 函数的参数是一个字符串，置于其中的文字将被输出，还可以使用 print 函数，它与 println 函数的差异是：print 函数输出完数据后不会换行，而 println 函数输出完数据后将跳到下一行。

Swift 与其他语言，如 C 或 Objective-C 不同的是，在每一行语句后面不需要加分号，表示此语句已结束。不过你在每个语句后加上分号也是可以的。一般而言，我们是不会加的。

本章只要知道如何创建一个项目，从而修改程序以符合需求，然后如何编译与运行就可以了，还有就是程序中所使用的英文字母是区分大小写的。

1.3 Playground 介绍

Playground 是 Xcode 6 中自带的 Swift 程序代码开发环境。以前 Xcode 5 对编写脚本程序代码的支持并不是很好，但对在 Playground 中编写 Swift 程序代码有了更好地支持。

使用 Playground 编写 Swift 程序代码，不需要编译或运行一个要编译的 Swift 程序，可以快速看到程序代码的运行过程以及运行结果。

步骤 1 首先打开 Xcode 6，直接单击 Get started with a playground，就可以直接打开一个 Playground 环境，如图 1-10 所示。

图 1-10 选取画面左边的第一项

步骤 **2** 接着设置 Playground 的名称和适用平台，在此处命名为 MyPlayground，并使用 iOS 的 Platform，然后单击 Next 按钮，如图 1-11 所示。

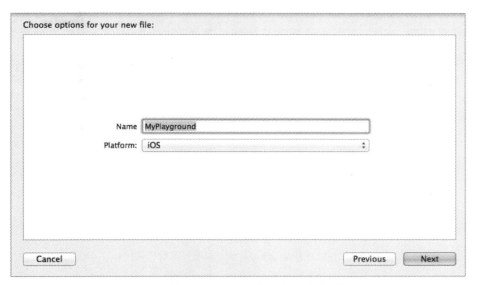

图 1-11 设置 Playground 的名称和适用平台

步骤 **3** 选择文件要存放的位置，并单击 Create 按钮，如图 1-12 所示。

图 1-12 设置 Playground 的存放位置

步骤 4 完成后的界面如图 1-13 所示，我们就可以开始使用 Playground 的环境来编写 Swift 程序代码了。以自动生成的范例程序代码为例介绍 Playground 环境的内容。首先看到右边实时显示的部分（如图 1-14 所示），右侧有两个按钮，从左到右分别是 Quick Look 和 Value History，下面先介绍 Value History 按钮，单击 Value History 按钮之后会出现如图 1-15 所示的右侧区块。

图 1-13 Playground 自动生成的范例程序代码

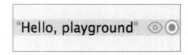

图 1-14 Playground 的右边侧栏

图 1-15 打开 Value History 后的结果

步骤 5 此时将会在图中看到 Playground 分成三个部分，从左到右分别为编辑区、运行结果（自动编译）、Log 区。

步骤 6 接下来，我们使用另一段程序代码来介绍不同区域的用途。在如图 1-16 所示的运行结果中，可以看到循环了 100 次，从 1 开始加到 100 的总和是 5050。

```
var total:Int = 0                        0
let end:Int = 100                        100
for i in 1...end {
    total += i                           (100 times)
}
println("1加到 \(end) 的总和：\(total)")    "1加到100 的总和：5050"
```

图 1-16 计算从 1 开始到 100 的总和

步骤 7 接着单击如图 1-16 所示的右侧区块中的 Value History，将会看到 Log 区，如图 1-17 所示。

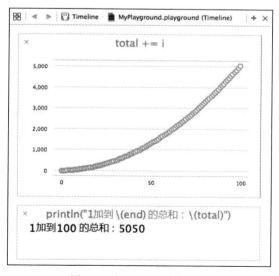

图 1-17 打开 Log 区的图表

步骤 **8** 如图 1-17 所示，在 Log 区的循环部分，我们可以看到 total 的 100 次变化，针对循环每一次的运行都会留下一个记录，而这些变化会形成一个图表，方便我们去查看程序运行中的变化过程。

步骤 **9** 再举另一段程序代码，体会一下 Playground 的强大。在图 1-18 中可以清楚地看到，这是一段 sin 函数曲线的程序代码。

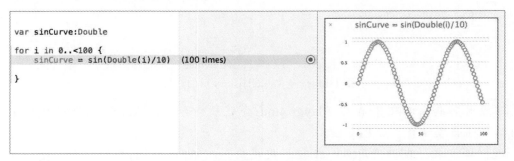

图 1-18 sin 函数的程序代码

步骤 **10** 而在图 1-19 中，我们可以单击不同位置，得知当时该变量的具体数值。

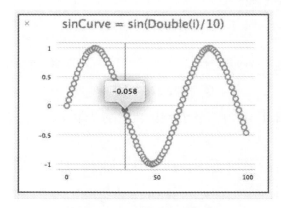

图 1-19 sin 函数的曲线图表

步骤 **11** 最后介绍 Quick Look 的用途。假如编写的 Swift 语言是 UI 的相关内容，通过 Quick Look 的按钮，可以直接预览画面的布局状况，如图 1-20 所示。

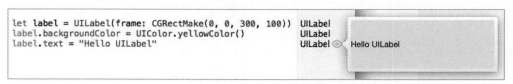

图 1-20 使用 UI 范例的程序代码

习　题

1. 请创建一个项目，名称为 mySecond，将系统产生的程序加以修改，以输出你的

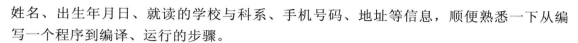

姓名、出生年月日、就读的学校与科系、手机号码、地址等信息，顺便熟悉一下从编写一个程序到编译、运行的步骤。

2. 将第 1.3 节介绍的 sin 函数的曲线程序代码改为 cos 函数的曲线程序代码。查看一下它在 Playground 上的变化是什么？顺便熟悉一下 Playground 环境。

第 2 章
变量、常量以及数据类型

Swift 是用来开发 iOS 和 OS X 下 APP 的程序语言，不过有很多部分其实和 C 或 Objective-C 很相似，若熟悉上述两种语言的话，则更容易学习。

本章将讨论有关 Swift 的变量、常量、数据类型、类型的转换、类型的别名、字符串与字符，以及 Swift 独有的选择项（Optional）。

2.1 简述变量与常量

变量（variable）名称是用来表示问题中的项目名称，而变量内容，会因程序的运行而有所变化。相对的常量（Constant），则不会随着程序的运行而改变其值，并且不可以更改。

为变量取名字是一种艺术，尽量取代表项目的名称，这可让其他人比较能看懂你写的程序，也方便以后维护程序。例如，有一个问题："请给予两个整数，然后计算两数的平均分数"，则变量名如下：以 number1 和 number2 表示两个整数的变量名，而以 average 变量名表示平均分数，这比取 a、b、c 分别表示两个整数和平均分数的变量名来得好。为了讲解方便，本书有时会以较短的名称表示。

Swift 和其他程序语言取变量名时，第一个字必须是英文字母或下划线（_），之后可为数字、英文字母或下划线（_），所以 num、score、average_score、c_score 都为合法的变量名，但 8num、C&C、xyz?54 为不合法的变量名。因为 8num 的开头为数字，而后面两个变量名使用了 "&" 和 "?" 符号。

2.2 简述数据类型

数据类型（Data Type）用来定义变量是属于哪个性质，并加以配置内存。由于 Swift 属于类型安全（Type Safe）的语言，所以可以在定义变量前表明类型或者以推导的方式得知，我们将会一一说明。

Swift 的基本数据类型有整数（integer）、浮点数（floating point）、字符串

（string）、字符（character）、布尔（boolean），同时也包含所谓的集合类型（collection type），如数组（array）和字典（dictionary）。

没有小数点的数值称为整数，如 123。带小数点的数值称为浮点数，如 123.8。而字符串常量是由双引号括起来的字符集合，如"Hello, Swift"。Swift 分别以不同的关键字识别数据类型，如表 2-1 所示。

表 2-1 Swift 基本数据类型

关键字	数据类型
Int	整数
Float	浮点数
Double	浮点数
String	字符串
Bool	布尔

整数分为有、无负的整数。Int 表示有负的整数，而 UInt 表示无负的整数。Swift 又提供 8、16、32、64 位的 Int 和 UInt，如 Int8、Int16、Int32 及 Int64，分别表示 8 位、16 位、32 位及 64 位的 Int。而 UInt8、UInt16、UInt32 及 UInt64，分别表示 8 位、16 位、32 位及 64 位的 UInt。若你使用的是 32 位计算机，则 Int 与 UInt 即表示 Int32 与 UInt32；若使用的是 64 位计算机，则 Int 与 UInt 即表示 Int64 与 UInt64。

Float 和 Double 都表示浮点数，其中 Float 占 4 个字节，而 Double 占 8 个字节。一般而言，当用户为一个浮点数赋值为变量和常量名时，其默认值是 Double 类型。

有关 Swift 数据类型占的字节数和其表示范围如表 2-2 所示。

表 2-2 数据类型所占的字节数及其表示范围

数据类型	所占字节数	表示范围
character	1	−128 ~ 127
float	4	3.4E−38 ~ 3.4E+38
double	8	1.7E−308 ~ 1.7E+308
Int8	1	−128 ~ 127
Int16	2	−32,768 ~ 32767
Int32	4	−2,147,483,648 ~ 2,147,483,647
Int64	8	−9223372036854775808 ~ 9223372036854775807

在 Swift 中提供 max 与 min 函数，用来告知整数的表示范围。以下是 Int8、Int16、Int32 与 Int64 的最小值与最大值，程序如下所示：

📱 范例程序

```
01  println(Int8.min)
02  println(Int8.max)
```

```
03    println(Int16.min)
04    println(Int16.max)
05    println(Int32.min)
06    println(Int32.max)
07    println(Int64.min)
08    println(Int64.max)
```

输出结果

```
-128
127
-32768
32767
-2147483648
2147483647
-9223372036854775808
9223372036854775807
```

而有关 UInt8、UInt16、UInt32 与 UInt64 的最小值与最大值，请看下一个范例程序。

范例程序

```
01    println(UInt8.min)
02    println(UInt8.max)
03    println(UInt16.min)
04    println(UInt16.max)
05    println(UInt32.min)
06    println(UInt32.max)
07    println(UInt64.min)
08    println(UInt64.max)
```

输出结果

```
0
255
0
65535
0
4294967295
0
18446744073709551615
```

当你将一个负数赋值给无负号的变量或常量时，系统将会产生错误的信息，如下所示：

```
var tooSmall = Int.min - 1
var tooLarge = Int.max + 1
var unsignedNumber: Uint = -1
```

以上三个语句都是错的，因为 Int.min 和 Int.max 已是最小值和最大值，再减 1 和加 1 将超过其表示的范围。Swift 不像 C 语言，会自动转换为另一数值，而是直接告诉你这是错的。unsignedNumber 的数据类型是 UInt，表示无负号的整数，所以不可以将负数赋值给它。其中：

```
var tooSmall = Int.min - 1
```

表示声明 tooSmall 为一个变量名，其初始值为 Int.min−1。有关变量的声明，请参阅第 2.3 节。值得一提的是，当整数与浮点数进行运算时，要将整数转换为浮点数，如下程序所示：

范例程序

```
01    //conversion
02    let mile = 95
03    let mileToKm = 1.6
04    var speed = Double(mile) * mileToKm
05    println("陈伟殷的投球速度可达 \(mile) miles")
06    println("亦即 \(speed) 公里")
```

输出结果

```
陈伟殷的投球速度可达 95 miles
亦即 152.0 公里
```

因为 mileToKm 是 Double 浮点数，而 mile 是整数，所以两者运算时必须加以转换，如 Double(mile) 表示将 mile 转型为 Double。需要注意的是，当此语句运行后，mile 还是整数。在 println 函数的字符串参数中，"\(mile)"表示输出 mile 的数值，而不是输出 mile 的字符串。同理"\(speed)"也是输出 speed 的数值。

2.3 声明变量与常量

Swift 以 var 和 let 关键字表示变量与常量，如下所示：

```
var radius = 5
let pi = 3.14159
```

第一个语句表示 radius 是一个变量名（variable name），因为以 var 为首，并设其初始值是 5，由此得知 radius 是一个 Int 整数类型，此方式称为类型推导（type inference）。前面曾经提到，若使用的平台是 32 位计算机，则 Int 表示 Int32。而 pi 是以 let 为首，所以是常量名（constant name），并且其初始值是 3.14159，也由此得知它是 Double 类型。变量与常量的差异是：变量可以修改，但常量不可以，所以若再赋值给 pi，将会造成编译上的错误。

同理，也可以声明字符串（string）和布尔（boolean）变量/常量名。以下是声明字符串和布尔常量。

```
let language = "Swift"
let boolVariable = true
```

字符串是以双引号括起来的字符集合，而布尔值不是 true 就是 false。布尔值常用于循环语句与选择语句。

从上面的语句得知 radius 是一个 Int 整数类型。

除了使用类型的推导来判断变量与常量的类型外，也可以使用类型的注释方式来表明其身份，如下所示：

```
var number: Int
number = 12
```

此表示 number 是 Int 的变量类型，之后将 12 赋值给 number，也可以将声明和初始值写成一行，如下所示：

```
var number: Int = 12
```

但要注意的是，常量使用类型的注释时必须将声明和指定初始值的操作一起完成，如下所示：

```
let str: String = "Hello, Swift"
```

表示 str 是一个字符串类型的常量，初始值为"Hello, Swift"。注意，不可以将常量的声明和设置初始值分开，否则会出现编译错误，如下所示：

```
//compile error
let str: String
str = "Hello, Swift"
```

整数常量也可以以下列方式表示，范例程序如下所示。

📑 范例程序

```
01   let oneMillion = 1_000_000
02   println(oneMillion)
03   let oneThousand = 1_000
04
05   let sum = oneMillion + oneThousand
06   println(sum)
```

```
07    let oneMillion = 1_000_000
08    println(oneMillion)
09    let oneThousand = 1_000
```

输出结果

```
1000000
1001000
```

在上述代码中表示数值时，以下划线分隔数字，每 3 个数字以 "_" 隔开，这与将每 3 个数字以逗号隔开是一样的，有利于阅读，但没有硬性规定一定要隔 3 位。

整数类型常量除了以十进制表示外，也可以以二进制、八进制或是十六进制的方式表示，范例程序如下所示。

范例程序

```
01    let decimalValue = 168
02    let binaryValue = 0b10101000
03    let octoalValue = 0o250
04    let hexValue = 0xa8
05
06    println("以十进制表示: ")
07    println("168 = \(decimalValue)")
08    println("0b10101000 = \(binaryValue)")
09    println("0o250 = \(octoalValue)")
10    println("0xa8 = \(hexValue)")
```

输出结果

```
以十进制表示:
168 = 168
0b10101000 = 168
0o250 = 168
0xa8 = 168
```

程序将 168 分别以十进制、二进制、八进制以及十六进制表示，从输出结果可以得知，数值之前加 0b 表示二进制的数值，数值之前加 0o 表示八进制的数值，数值之前加 0x 表示十六进制的数值。

我们也可以利用 typealias 取某一个数据类型的别名（alias），正如以下的语句所示：

```
//typealias
```

```
typealias int = Int
var number: int = 100
println("number = \(number)")
```

上述语句取 int 是 Int 的别名，所以可以使用 int 当作 number 变量的类型。

2.4 输出变量与常量

我们可以使用 println 输出变量与常量值，这如同 NSLog 函数一般。println 函数可以直接将双引号括起来的字符串输出，若是要输出变量与常量值，则直接以变量和常量名表示即可。继续第 2.3 节前面声明过的语句，则有以下程序：

```
01  println(radius)
02  println(pi)
03  println(language)
04  println("Hello ")
```

上述代码表示要输出 radius 变量值，以及 pi 和 Language 的常量值，最后输出给定的字符串 Hello。输出结果如下：

```
5
3.14159
Swift
Hello
```

上述的输出结果不是很清楚，因为不知道 5 和 3.14159 代表什么，所以可以再进一步的修正，如下所示：

```
01  println("radius = \(radius)")
02  println("pi = \(pi)")
```

其输出结果如下所示：

```
radius = 5
pi = 3.14159
```

你觉得这样处理后有没有更清楚呢？其实只要在 println 中"动个手脚"就可以。基本上，在双引号内的文字将会很忠实地输出，若要在其中输出定义的变量或常量值，很简单，只是在其前面加上"\"，之后以小括号括起变量或常量名即可。

print 与 println 的功能是一样的，只是输出数据后不会跳行，如下所示：

```
01  print("Hello ")
02  println(language)
```

当输出完 hello 后并不会跳行，接着输出 Swift，所以输出结果为：

```
Hello Swift
```

2.5 注释语句

注释语句（comment statement）在程序中是不编译的，但是为了提高程序的易读性，必须在程序重要的地方加以注释。Swift 的注释可使用"//"或是"/* .... */"形式表示。值得一提的是，Swift 语言允许嵌套的注释，如下所示：

```
//myFirst program

/*This is a nested comment statement
/* so you can write many statements */
to explain the problem */
```

2.6 分号

大家是否注意到上面的所有语句后面都没有分号呢？因为不必利用它来作为语句的结束点。这和 C 或是 Objective-C 不同。在每一行语句后面加上分号也是可以的，不过这是多此一举，很少有人会这样做。若有多行语句编写在同一行，则可以利用分号将其隔开。

```
println("Hello "); println(language)
```

2.7 字符串类型

字符串常量是由双引号括起来的字符串，示例代码以下所示：

```
let str  =  "Hello, Swift"
```

在字符串常量中可以包含以下特殊的字符，如表 2-3 所示。

表 2-3 常用的一些特殊字符

特殊字符	含义
\0	空字符
\\	反斜杠
\t	跳 4 格
\n	换行
\r	跳回行首
\"	双引号
\'	单引号

除了上述的字符以外，还包含如下类型：

> 由单一字节的统一码（Unicode）所组成，格式为"\xnn"，此处的 nn 是两个十六进制的数值。

> 由两个字节的统一码（Unicode）所组成，格式为"\xnnnn"，此处的 nnnn 是 4 个十六进制的数值。

> 由 4 个字节的统一码（Unicode）所组成，格式为"\xnnnnnnnn"，此处的 nnnnnnnn 是 8 个十六进制的数值。

在 println 或 print 函数内的参数就是字符串常量，因此可将表 2-3 的字符加入其中，以完成某一特殊用途。下面列举范例进行说明。

范例程序

```
01  print("Hello \n")
02  println("Swift")
```

输出结果

```
Hello
Swift
```

由此得知"print("Hello \n")"与"println("Hello ")"是相同的。

如果在输出的字符串中要用到双引号时，则必须加上"\""方能输出，示例代码如下所示：

```
println("\"100% orange juice\"")
```

即在 100% orange juice 外面加上双引号。

输出结果

```
"100% orange juice"
```

"\t"表示跳一个 Tab 键，也就是跳 4 格，例如以下语句：

```
println("\tThis character is \'q\' is not \'p\'")
```

则在输出字符串之前先跳 4 格，程序中利用"\'"输出单引号。输出结果如下所示：

```
This character is 'q' not 'p'
```

而下一语句：

```
println("\t\t\tI am from Taiwan")
```

其输出结果如下：

```
I am from Taiwan
```

你可以自己编写 println 或 print 语句，以测试表 2-3 的特殊字符。

2.7.1 字符串的函数

定义空字符串时有两种方式，如下所示：

```
var str = ""
var str2 = String()
```

接下来利用 isEmpty 函数判断它是否为空字符串，例如以下语句：

```
if str2.isEmpty {
    println("str2 is a empty string")
}
```

输出结果

```
str2 is a empty string
```

若要将两个字符串连接在一起，可使用"+"运算符，例如以下语句所示：

```
str = "Learning Swift "
str2 = "programming now "

var swift = str + str2
println(swift)
```

输出结果

```
Learning Swift programming now
```

若将字符串定义为 var，表示此字符串是可以更改的。若是定义为 let，表示此字符串不可以更改，若加以修改，将会产生错误的信息。例如以下语句所示：

```
var iLoveSwift = "I love "
iLoveSwift += "Swift"
println(iLoveSwift)
```

输出结果

```
I love Swift
```

若将上述的 var 改为 let 将会出现错误的信息，大家可以自己试试看。

我们也可以使用"=="运算符判断两个字符串是否相等。继续以上语句，再加入以下语句，如下所示：

```
var str3 = "I love Swift"
if str3 == iLoveSwift {
    println("str3 is equal to iLoveSwift")
}
```

输出结果

```
str3 is equal to iLoveSwift
```

此处使用到 if 选择语句，用于判断 str3 是否等于 iLoveSwift。若为真，则运行括起来的语句，否则不运行任何语句。程序也使用关系运算符"=="判断是否相等。有关选择语句请参考第 5 章。而有关运算符的语句，请参考第 3 章。

有时我们想将字符串转换为大写或小写字母，可用 lowercaseString 与 uppercaseString 函数加以转换。如下语句所示：

```
let upperStr3 = str3.uppercaseString
println(upperStr3)
println(upperStr3.lowercaseString)
```

输出结果

```
I LOVE SWIFT
i love swift
```

先将 str3 调用 uppercaseString 转换为大写，并赋值给 upperStr3，之后再调用 lowercaseString 将此字符串转换为小写。我们也可以将字符串组合成一个数组，其实很简单，只要使用中括号括起来即可。如下所示：

```
let mobile = [
    "Apple: iPhone 6",
    "Apple: iPad",
    "Android: hTC",
    "Android: Samsung",
    "Android: Sony"
]
```

上述代码表示有一字符串数组，其名称为 mobile，若要从 mobile 字符串数组中找出前缀为"Apple"的字符串，则可以使用 hasPrefix 函数，如下语句所示：

```
for i in mobile {
    if i.hasPrefix("Apple") {
        println(i)
```

```
        }
    }
```

输出结果

```
Apple: iPhone 6
Apple: iPad
```

这里用到 for-in 循环语句，表示将 mobile 数组的元素赋值给 i。然后 i 调用 hasPrefix 函数，并利用 if 选择语句判断条件式是否为真，若为真，则返回值，否则不做任何事。有关循环语句与选择语句，将在第 4 章与第 5 章加以讨论。

我们也可以找出字尾的字符串，例如要在 mobile 数组中，找出字尾为 hTC 的字符串。此时可使用 hasSuffix 函数，如下语句所示：

```
for i in mobile {
    if i.hasSuffix("hTC") {
        println(i)
    }
}
```

输出结果

```
Android: hTC
```

若字符串在"\"后接小括号和变量（或常量名），表示要输出其所对应的值，例如以下的语句所示：

```
var mobilePhone = "iPhone"
let number = 6
let myMobile = "I want to buy an \(mobilePhone) \(number)"
println(myMobile)
```

输出结果

```
I want to buy an iPhone 6
```

其中"\(mobilePhone)"对应的字符串是 iPhone，而"\(number)"对应的值是 6，这也经常应用于 println 或 print 的函数中，因为这两个输出函数所要的参数就是字符串参数。

基本上在输出函数中会将给予的字符串照印不误，但当有"\"开头的字符串时就要转换为其所对应的功能，如"\n"是跳行，"\(number)"就是找出 number 所对应的值，而"\\"将输出"\"。

2.7.2 字符串属于值类型

什么是值类型（value type）呢？基本上表示当你赋值与复制字符串时，将占不同的内存空间。因此，如果其中一个字符串更改了，也不会影响另一个字符串，如下所示：

```
var myMobile = "iPhone 6"
var yourMobile = myMobile

println("My mobile phone is \(myMobile)")
println("Your mobile is \(yourMobile)")

yourMobile = "hTC"
println()
println("My mobile phone is \(myMobile)")
println("Your mobile is \(yourMobile)")
```

输出结果

```
My mobile phone is iPhone 6
Your mobile is iPhone 6

My mobile phone is iPhone 6
Your mobile is hTC
```

当我们将 **myMobile** 赋值给 **yourMobile** 时，此时两个字符串各占不同的内存空间，而且内容是一样的。当修改 **yourMobile** 后，**myMobile** 是不会随之改变的。

字符串、数组与字典都属于值类型，而与值类型相对应的是参考类型（reference type），它适用于类（class），其表示复制参考给另一个，而不是复制空间，更清楚的解释是：它们共享相同的内存空间。在后面的章节中我们再加以讨论。

2.8 选项类型

在 Swift 中还有一个独特的数据类型，那就是选项类型（optional type）。选项类型的变量或常量，表示它可能没有值，也就是选项类型的变量或常量不是有值就是无数据（nil），这让我想起奔驰的一则广告词："要么最好，要么一无是处"（The best or nothing）。

声明方式很简单，只要在类型名称后加上"?"，如下范例程序所示：

范例程序

```
01  //optionals type
```

```
02   var stringValue: String? = "Hello, Swift"
03   println(stringValue)
04   stringValue = nil
05   println(stringValue)
```

输出结果

```
Optional("Hello, Swift")
nil
```

表示 stringValue 变量是字符串的选项类型，初始值为"Hello, Swift"。在输出结果中，在"Hello, Swift"前有 Optional，表示它是选项类型。之后，将 nil 赋值给 stringValue。

注意，若上述的 stringValue 只有选项字符串类型，没有给予初始值，则其初始值是 nil。

Swift 的 nil 和 Objective-C 的 nil 不同：Objective-C 的 nil 表示它是指向不存在对象的指针；而 Swift 的 nil 不是指针，它表示某一类型无值。选择类型不只可用于对象类型，也可用于任何类型的数据。

```
//implicitly unwrapped optionals
let possibleInt: Int? = 123
println(possibleInt!)
let possibleInteger: Int! = 4567
println(possibleInteger)
```

输出结果

```
123
4567
```

其中 possibleInt 是整数的选项类型，若确定有数据，则可在变量或常量名后加上。另一种是隐式可选类型（implicitly unwrapped optional），如 possibleInteger 变量的类型为"Int!"，表示 possibleInteger 变量确定有数据存在。我们将在后面遇到此类型时再加以讨论。

上述的"println(possibleInt!)"改为"println(possibleInt)"将会输出"Optional(123)"，和上一范例程序相同，但多了 Optional 这几个字。

习　题

1. 以下的程序都有少许的错误，可否请你帮忙查错，顺便练一下"内功"。

（a）

```
let oneMillion = 10_00_000
println(oneMillion)
let tenThousand = 1_000_0

let sum = oneMillion + tenThousand
println(oneMillion + tenThousand = sum)
```

（b）

```
var myMobile = "iPhone 6"
var yourMobile = myMobile
println("My mobile phone is (myMobile)")
println("Your mobile is (yourMobile)")

yourMobile = "hTC"
println()
println("My mobile phone is (myMobile)")
println("Your mobile is (yourMobile)")
```

（c）

```
var str3 = "I love Swift"
if str3 = iLoveSwift {
    println("str3 is equal to iLoveSwift")
}
```

（d）

```
let mobile = [
    Apple: iPhone 6,
    Apple: iPad,
    Android: hTC,
    Android: Samsung,
    Android: Sony
]

for i on mobile {
    if i.hasPrefix(Apple) {
        println(i)
    }
}
```

（e）

```
let iLoveSwift = "Swift is a " + "powerful "
iLoveSwift += "programming language"
println(iLoveSwift)
```

（f）

```
/*This is a nested comment statement
```

```
/* so you can write many statements
to explain the problem */

var tooSmall = Int.min - 1
var tooLarge = Int.max + 1
var unsignedNumber: Uint = -1
```

（g）

```
let inches = 2
let cm = inches * 2.54
println("\(inches) inches = \(cm) cm")
```

2. 试问下列程序的输出结果。

（a）

```
let binaryValue = 0b1100101
let octoalValue = 0o145
let hexValue = 0x65

println("以十进制表示: ")
println("0b1100101 = \(binaryValue)")
println("0o145 = \(octoalValue)")
println("0x65 = \(hexValue)")
```

（b）

```
//implicitly unwrapped optionals
let possibleInt: Int? = 168
println(possibleInt!)
let possibleInteger: Int! = 5201314
println(possibleInteger)
```

（c）

```
let mobile = [
    "Apple: iPhone 6",
    "Apple: iPad",
    "Android: hTC",
    "Android: Samsung",
    "Android: Sony"]

for i in mobile {
    if i.hasPrefix("Android") {
        println(i)
    }
}
```

```
for i in mobile {
    if i.hasSuffix("Sony") {
        println(i)
    }
}
```

第 3 章

运算符

运算符（operator）通常是一个符号（symbol），它具有特定的功能，如"＋"表示一个加法的符号。

在学习运算符时，需要注意的是运算符的运算优先级（priority）及结合性（associative）。运算优先级越高表示越先运算，而结合性表示是从左到右运算，或是从右到左运算。大部分运算符的结合性都是从左到右，少数是从右到左。

常用的 Swift 运算符有算术运算符、关系运算符、逻辑运算符、自增与自减运算符及赋值运算符，现分别说明如下。

3.1 算术运算符

Swift 的算术运算符（arithmetic operator）有"＋"（加）、"－"（减）、"＊"（乘）、"/"（除）、"%"（两数相除取其余数）等。一般的算术运算规则是"先乘除，后加减"，所以"＊"、"/"、"%"的运算优先级高于"＋"、"－"。算术运算符的结合性是从左到右，不过可以利用小括号改变其运算的顺序。请参阅以下范例程序。

📑 范例程序

```
01  //arithmetic operator
02  let a = 100, b = 30
03  println("\(a) + \(b) = \(a+b)")
04  println("\(a) - \(b) = \(a-b)")
05  println("\(a) * \(b) = \(a*b)")
06  println("\(a) / \(b) = \(a/b)")
07  println("\(a) % \(b) = \(a%b)")
08
09  let d = Double(a) / Double(b)
10  println("\(a) / \(b) = \(d)")
```

输出结果

```
100 + 30 = 130
100 - 30 = 70
100 * 30 = 3000
100 / 30 = 3
100 % 30 = 10
100 / 30 = 3.33333333333333
```

需要注意的是，两个整数相除，其结果是整数，如 100 / 30，答案是 3。

若要得到正确的答案可利用类型转换（type casting）进行操作，如范例中的 "Double(a) / Double(b)"，暂时将 a 与 b 变量由整数类型转换为 Double 的数据类型，而语句 "100 % 30" 表示 100 除以 30 的余数是 10。

"+" 运算符也可用于字符串与字符串或字符之间的连接，如下所示：

```
let concateStr: String = "Hello " + "Swift"
println(concateStr)
let concateStrAndChar: String = "iPhone" + "6"
println(concateStrAndChar)
```

上述语句说明将字符串"Hello"与字符串"Swift"相连，然后赋值给 concateStr。同理，将"iPhone"与"6"相连，再将它赋值给 concateStrAndChar。

3.2 关系运算符

Swift 的关系运算符（relational operator）有 "<"（小于）、"<="（小于等于）、">"（大于）、">="（大于等于）、"=="（等于）、"!="（不等于）。关系运算符也可称为比较运算符（comparative operator）。

关系运算符的运算优先级低于算术运算符，这表示在同一表达式中，若有算术运算符，则会优先被运算。在同类的关系运算符中，"<"、"<="、">"、">=" 的运算顺序高于 "==" 与 "!="，而此类运算符的结合性也是从左到右。

经过关系运算符的表达式，其最后的结果不是真，就是假。若为真，则输出结果 true，否则输出结果 false。请看以下范例程序。

范例程序

```
01   //relational operator
02   let a = 100, b = 30
03   println("\(a) > \(b) = \(a > b)")
04   println("\(a) >= \(b) = \(a >= b)")
05   println("\(a) < \(b) = \(a < b)")
06   println("\(a) <= \(b) = \(a <= b)")
```

```
07    println("\(a) == \(b) = \(a == b)")
08    println("\(a) != \(b) = \(a != b)")
```

输出结果

```
100 > 30 = true
100 >= 30 = true
100 < 30 = false
100 <= 30 = false
100 == 30 = false
100 != 30 = true
```

关系运算符语句的最后结果不是 true 就是 false，而不像 C 或 Objective-C 的结果为 1 或是 0。

3.3 逻辑运算符

Swift 的逻辑运算符（logical operator）有"&&"（与）、"||"（或）、"!"（非）。基本上逻辑运算符的运算优先级比最后一章的位运算符更低，但比赋值运算符高，结合性是从左到右。但"!"的运算符是例外，它与第 3.4 节所谈论的自增与自减运算符相同，其中"&&"又高于"||"。详细情况请参阅本章后面的表 3-4。

逻辑运算符的目的是将条件变为严格或宽松。若利用"&&"，则会将条件变为严格，因为两个条件都为真时才为真，如表 3-1 所示。

表 3-1　逻辑运算符"&&"的真值表

表达式 1	表达式 2	表达式 1 && 表达式 2
真	真	真
真	假	假
假	真	假
假	假	假

若利用"||"，则会使条件变为宽松，因为只要有一个条件为真就为真，如表 3-2 所示。

表 3-2　逻辑运算符"||"的真值表

表达式 1	表达式 2	表达式 1 || 表达式 2
真	真	真
真	假	真
假	真	真
假	假	假

而 "!" 的功能有点像猪羊变色，将真变为假，或是将假变为真，如表 3-3 所示。

表 3-3　逻辑运算符 "!" 的真值表

表达式	! 表达式
真	假
假	真

在 "表达式 1 && 表达式 2" 中，若表达式 1 为假，则结果将为假，因此，不必再看表达式 2。

在 "表达式 1 || 表达式 2" 中，若表达式 1 为真，则结果将为真，因此，不必再看表达式 2。请参阅下一范例程序。这种不必再看表达式 2 的方法，可使程序运行更有效率。

范例程序

```
01  //logical  operator
02  let a = 100, b = 30
03  let andOper: Bool = a > 90 && b < 20
04  println("\(a) > 90 && \(b) < 20  = \(andOper)")
05
06  let orOper: Bool = a > 90 || b < 20
07  println("\(a) > 90 || \(b) < 20  = \(orOper)")
08
09  let notOper: Bool = !(a > 90)
10  println("!(\(a) > 90) = \(notOper)")
```

输出结果

```
100 > 90 && 30 < 20  = false
100 > 90 || 30 < 20  = true
!(100 > 90) = false
```

第一个语句为假，乃是因为 b < 20 为假，因为真 "&&" 假为假。第二个语句为真，乃是因为真 "||" 假为真。最后的语句为假，乃是因为 100 > 90 为真，采取 "!" 逻辑运算符，结果将为 false。

3.4 自增与自减运算符

自增运算符（increment operator）以 "++" 符号表示，意思是将某个数加 1，而以 "--" 表示自减运算符（decrement operator），意思是将某个数减 1。此处只讨论自增，因为自减和自增的做法相同，只是加 1 或减 1 而已。自增与自减运算符是目前讨论运算符中运算优先级最高的，其结合性是从右到左。

自增又可分为前置加（prefix increment），即"++"是置于变量的前面，另一种为后置加（postfix increment），即"++"是置于变量的后面，其用法请参阅下一范例程序。

范例程序

```
01    //incremental operator
02    var x = 100, sum = 0
03    sum = x++ + 100
04    println("x = \(x), sum = \(sum)")
05
06    x = 100
07    sum = ++x + 100
08    println("x = \(x), sum = \(sum)")
```

输出结果

```
x = 101, sum = 200
x = 101, sum = 201
```

在范例程序中"sum = x++ + 100;"相当于下列语句：

```
sum = x + 100;
x = x + 1;
```

而"sum = ++x + 100;"相当于下列语句：

```
x = x + 1;
sum = x + 100;
```

让我们运行下一范例程序，查看输出结果是否和上一范例程序相同。

范例程序

```
01    var x = 100, sum = 0
02    sum = x + 100
03    x = x + 1
04    println("x = \(x), sum = \(sum)")
05
06    x = 100
07    x = x + 1
08    sum = x + 100
09    println("x = \(x), sum = \(sum)")
```

```
x = 101, sum = 200
x = 101, sum = 201
```

3.5 赋值运算符

赋值运算符是最常用到的，需要注意的是表达式的左边一定要为变量，这样才可以接受右边的值。赋值运算符是目前讨论到运算符时运算优先级最低的，其结合性是从右到左。

当算术运算符与赋值运算符合在一起时，此运算符称为算术赋值运算符（arithmetic assignment operator），我们也将它归类在赋值运算符中。若 op 表示某个算术运算符，则下一语句 "x op= 10;" 等同于 "x = x op 10;"，请参阅下一范例程序。

📋 范例程序

```
01   //arithmetic assignment operator
02   var num = 100
03   println("num = \(num)")
04
05   num += 2
06   println("\n 加2后")
07   println("num = \(num)")
08
09   num -= 2
10   println("\n 减2后")
11   println("num = \(num)")
12
13   num *= 2
14   println("\n 乘2后")
15   println("num = \(num)")
16
17   num /= 2
18   println("\n 除2后")
19   println("num = \(num)")
```

📄 输出结果

```
num = 100

加2后
num = 102
```

```
减2后
num = 100

乘2后
num = 200

除2后
num = 100
```

其中"num += 2;"表示"num = num + 2;",依次类推。注意,num 会随着程序的运行而改变。

有关运算符的运算优先级,建议先记大原则,再来看哪些是例外的运算符。从高到低分别为自增与自减运算符、算术运算符、关系运算符、位运算符、逻辑运算符,最后是赋值运算符和算术赋值运算符。

至于结合性,除了自增与自减运算符、赋值运算符、算术赋值运算符、"!"及"~"运算符是从右到左外,其余都是从左到右进行运算的。

表 3-4 是本章所提及有关运算符的运算优先级与结合性的信息,越靠近上面的运算符,其运算顺序越高,所以是由上往下自减之。

表 3-4　Swift 运算符的运算优先级与结合性

运算符	结合性
++, --, !	从右到左
*, /, %	从左到右
+, −	从左到右
<, <=, >, >=	从左到右
==, !=	从左到右
&&	从左到右
||	从左到右
=, +=, −=, *=, /=, %=	从右到左

除了上述的运算符外,还有位运算符,由于它牵涉到运算符函数,所以我们将在第 18 章再讨论。

习　题

1. 试问下列程序的输出结果:

(a)

```
//arithmetic operator
let a = 200, b = 3
println("\(a) + \(b) = \(a+b)")
```

```
println("\(a) - \(b) = \(a-b)")
println("\(a) * \(b) = \(a*b)")
println("\(a) / \(b) = \(a/b)")
println("\(a) % \(b) = \(a%b)")

let d = Double(a) / Double(b)
println("\(a) / \(b) = \(d)")
```

（b）

```
//arithmetic operator
var a, b: Int
a = 80 + 60 * 3 - 20 / 2
b = 60 * 2 + 30 / 2 + 65

println("a = \(a)")
println("b = \(b)")

println("10 / 3 = \(10/3)")
println("10.0 / 3 = \(10.0/3)")
```

（c）

```
//relational operator
let a = 30, b = 100
println("\(a) > \(b) = \(a > b)")
println("\(a) >= \(b) = \(a >= b)")
println("\(a) < \(b) = \(a < b)")
println("\(a) <= \(b) = \(a <= b)")
println("\(a) == \(b) = \(a == b)")
println("\(a) != \(b) = \(a != b)")
```

（d）

```
//logical  operator
let a = 30, b = 100
let andOper: Bool = a > 90 && b < 20
println("\(a) > 90 && \(b) < 90  = \(andOper)")

let orOper: Bool = a > 90 || b < 20
println("\(a) > 90 || \(b) < 90  = \(orOper)")

let notOper: Bool = !(a > 90)
println("!(\(a) > 90) = \(notOper)")
```

（e）

```
//decremental operator
var x = 100, sum = 0
sum = x-- + 100
```

```
println("x = \(x), sum = \(sum)")

x = 100
sum = --x + 100
println("x = \(x), sum = \(sum)")
```

（f）

```
//arithmetic assignment operator
var num = 20
println("num = \(num)")

num += 2
println("\n 加 2 后")
println("num = \(num)")

num -= 2
println("\n 减 2 后")
println("num = \(num)")

num *= 2
println("\n 乘 2 后")
println("num = \(num)")

num /= 2
println("\n 除 2 后")
println("num = \(num)")
```

2. 请将下一程序转换为不使用自减运算符所对应的程序，即使用一般的减法运算符。

```
//decremental operator
var x = 100, sum = 0
sum = x-- + 100
println("x = \(x), sum = \(sum)")

x = 100
sum = --x + 100
println("x = \(x), sum = \(sum)")
```

第 4 章
循环语句

在日常生活中，经常会将某些相同的事情处理多次，这也对应了 Swift 的循环语句（loop statement）。在程序设计中，循环语句就是重复执行某些语句。

Swift 的循环语句有 for、while、do-while 以及 for-in 等 4 种，我们将一一举例说明。

4.1 for 循环语句

首先介绍循环最常用的 for 循环语句，其语法如下：

```
for 初值设置表达式；条件表达式；更新表达式 {
    循环主体语句
}
```

for 循环语句包含三个表达式，分别为：

- ➢ 初值设置表达式
- ➢ 条件表达式
- ➢ 更新表达式

两个表达式之间以分号隔开，接下来是以左、右大括号组成的循环主体语句。不管是否只有一条循环主体语句，都要以左、右大括号括起来，这和其他程序语言（如 Objective-C 或 C）不同，对于这两种程序语言而言，若主体语句只有一条语句时，可以省略大括号。我个人还是觉得不要省略比较好，因为有可能日后会在循环的主体内加入语句。

图 4-1 为 for 循环执行步骤的示意图。

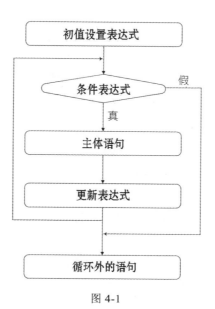

图 4-1

初值设置表达式只会执行一次，接下来执行条件表达式，判断是否为真，若是，则执行循环主体语句，接着执行更新表达式，再执行条件表达式。就这样周而复始地执行，直到条件表达式为假，才结束循环的执行。

我们以下列的范例程序为例进行说明。

📖 范例程序

```
01  //for loop
02  var index: Int
03  var total = 0
04  for index = 1; index <= 100; index++ {
05      total += index
06  }
07  println("1 加到\(index-1)的总和: \(total)")
```

📖 输出结果

1 加到 100 的总和: 5050

这是将 1 加到 100 的范例程序。在 for 循环中，设置 index 的初值为 1（此为初值设置表达式），判断是否符合 index <= 100（这是条件表达式），所以将 index 值求和存储在 total 中（这是主体语句），接着将 index 加 1（此为更新表达式）。再次执行条件表达式，判断 index 是否小于等于 100，若为真，则执行求和的操作，直到 index 的值大于 100。

注意，循环的结束点是 index 等于 101，所以我们在 println 语句中将它减 1，表示 1 加到 100 的总和。由此可知，for 循环是先判断条件表达式是否为真，若为真，才会执行循环的主体语句，我们称这类的循环为理性循环。

此范例程序对应的流程如图 4-2 所示。

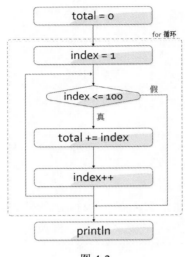

图 4-2

循环语句的三大要素为：初值设置表达式、条件表达式及更新表达式，若以 1 加到 100 的范例程序为例，将这三大要素改变时，看看其输出结果会有什么不同。

1. 改变初值设置表达式

当初值设置表达式更改，其他不变时，如下一个范例程序所示：

📥 范例程序

```
01   var index: Int
02   var total = 0
03   for index = 2; index <= 100; index++ {
04       total += index
05   }
06   println("2 加到\(index-1)的总和: \(total)")
```

🔍 输出结果

2 加到 100 的总和：5049

由于初始值为 2，所以没加 1，是从 2 开始加到 100，故输出的结果为 5049。

2. 改变条件表达式

当条件表达式改变，其他不变时，如下一个范例程序所示：

范例程序

```
01  var index: Int
02  var total = 0
03  for index = 1; index < 100; index++ {
04      total += index
05  }
06  println("1 加到\(index-1)的总和: \(total)")
```

输出结果

1 加到 99 的总和: 4950

因为条件表达式为 "i < 100"，并没有将 100 加入 total，而是从 1 加到 99，所以输出结果是 4950。若将条件表达式改为 "i < 101"，则输出结果将会是 5050，此答案是 1 加到 100 的结果。由此可知 "i < 101" 和 "i <= 100" 是相同的意思。

3. 改变更新表达式

当更新表达式改变，其他不变时，如下一个范例程序所示：

范例程序

```
01  //1 加到 100 的奇数和
02  var index: Int
03  var total = 0
04  for index = 1; index < 100; index += 2 {
05      total += index
06  }
07  println("1 加到\(index-1)的奇数和: \(total)")
```

输出结果

1 加到 100 的奇数和: 2500

此范例程序的更新语句是将 i 每次加 2，表示 1 到 100 的奇数和。

以上说明了将原本从 1 加到 100 的程序，在修改了初值设置表达式、条件表达式或更新表达式后，将会导致不同的输出结果，所以编写循环语句时，对初值设置表达式、条件表达式及更新表达式时要特别注意。别忘了，编写循环语句最怕产生无穷循环，也就是循环不会自动停下来。例如以下语句即为无穷循环：

```
for index = 100; index <= 100; index-- {
    total += index
}
```

因为条件表达式永远为真。

4.2 while 循环语句

while 循环语句和 for 循环语句一样，都是要先判断条件表达式是否为真，若是，则执行循环主体语句与更新表达式，否则结束循环。

while 循环语句的语法如下：

```
初值设置表达式
while 条件表达式 {
        循环主体语句
        更新表达式
}
```

你是否发现这与 for 循环语句很像，只是将初值设置表达式与更新表达式写在不同的地方而已。基本上，这 4 种循环语句是可以交换使用的，因此，我们将以一些相同的题目，利用不同的循环语句加以编写。

若将 1 加到 100 的范例程序改为以 while 循环的话，则程序如下所示：

范例程序

```
01   //while loop
02   var total = 0, index = 1
03   while index <= 100 {
04       total += index
05       index++
06   }
07   println("1 加到\(index-1)的总和: \(total)")
```

输出结果

1 加到 100 的总和：5050	

若将 for 循环语句的初值设置表达式，提到 for 语句之前，并将更新表达式编写在左、右大括号内，则代码如下所示：

```
初值设置表达式
for ; 条件表达式; {
        循环主体语句
        更新表达式
}
```

这是不是很像 while 循环语句，只是在 for 循环中多了一些分号而已。此范例程序对应的流程如图 4-3 所示。

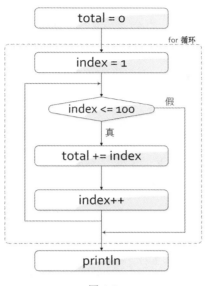

图 4-3

在循环主体的语句中也是有顺序，不可以随意对调的，例如将更新语句与求和的语句调换，将会有不同的输出结果，如下一个范例程序所示：

范例程序

```
01   var total = 0, index = 1
02   while index <= 100 {
03       index++
04       total += index
05   }
06   println("1 加到\(index-1)的总和: \(total)")
```

输出结果

1 加到 100 的总和：5150

这显然是错误的答案，究其原因是你的运算逻辑出错了，这类的逻辑错误很难调试，所以要特别小心。

接着讨论 do…while 循环，这与前述的循环有一些不同。

4.3 do…while 循环语句

for 与 while 循环语句都为理性循环语句，因为必须在条件为真时，才会执行循环主体语句，也就是经过理性的判断后才决定是否要执行。但在有些情况下不必如此理性，例如在玩游戏时，一定是先让你玩一次后，再询问要不要再玩。若一开始就询问要不要玩，我想玩家要玩的意愿一定会降低，不是吗？所以 do…while 循环语句就由此产生。

do…while 循环语句的语法如下：

```
初值设置表达式
do {
    循环主体语句
    更新表达式
} while 条件表达式
```

do…while 之间是以左、右大括号括起来的，而且在 while 后面的条件表达式不需要加括号。

若将 1 加到 100 的范例程序，改用 do…while 来编写的话，则程序如下所示：

范例程序

```
01  //do-while loop
02  var total = 0, index = 1
03  do {
04      total += index
05      index++
06  } while index <= 100
07  println("1 加到\(index-1)的总和: \(total)")
```

输出结果

```
1 加到100 的总和：5050
```

注意，不可以将求和与更新语句对调，否则会产生不同的输出结果，大家可以试试看。

此范例程序对应的流程图如图 4-4 所示。

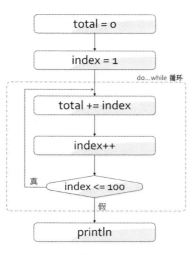

图 4-4

若要计算从 1 加到 100 的偶数和，则范例程序如下所示。

范例程序

```
01   //1 加到 100 的偶数和
02   var total = 0, index = 2
03   do {
04       total += index
05       index += 2
06   } while index <= 100
07   println("1 加到\(index-2)的偶数和：\(total)")
```

输出结果

```
1 加到 100 的偶数和：2550
```

4.4 for-in 循环语句

接下来讨论在 Objective-C 和 C 语言中没有的 for-in 循环语句。for-in 循环语句可能会使用到两个区间的运算符：一为区间运算符（closed range operator）；二为未包含区间的运算符（opened range operator），其分别以 "..." 和 "..>" 表示。请看以下的范例程序。

范例程序

```
01   //for-in loop statement
02   for i in 1...6 {
```

```
03        println("\(i) adds 5 is \(i+5)")
04    }
```

📑 输出结果

```
1 adds 5 is 6
2 adds 5 is 7
3 adds 5 is 8
4 adds 5 is 9
5 adds 5 is 10
6 adds 5 is 11
```

上述的 for-in 循环语句，表示执行的次数是此区间包含的数值。由于程序中使用的是 1...6 的包含区间运算符，所以 i 从 1 执行到 6，共 6 次。若以未包含区间运算符 1..<6 执行的话，将只执行 5 次，如下所示：

📑 范例程序

```
01    //for-in loop statement
02    for i in 1..<6 {
03        println("\(i) adds 5 is \(i+5)")
04    }
```

📑 输出结果

```
1 adds 5 is 6
2 adds 5 is 7
3 adds 5 is 8
4 adds 5 is 9
5 adds 5 is 10
```

也可以用于将字符串中所有的字符输出，如下所示：

```
for char in "Swift" {
    println(char)
}
```

表示将字符串 "Swift" 中的字符一一输出，输出结果如下。

📑 输出结果

```
S
w
i
f
t
```

若在循环的主体语句过程中不会用到区间值，此时可以用下划线（_）表示，范例程序如下所示。

范例程序

```
01  //for-in loop statement
02  let end = 5
03  for _ in 1...end {
04      println("Learning Swift now!")
05  }
```

输出结果

```
Learning Swift now!
Learning Swift now!
Learning Swift now!
Learning Swift now!
Learning Swift now!
```

我们也可将上述 1 加到 100 的程序修改，其程序如下所示。

范例程序

```
01  var total = 0, end = 100
02  for i in 1...end {
03      total += i
04  }
05  println("1 加到\(end)的总和: \(total)")
```

输出结果

```
1 加到100 的总和: 5050
```

for-in 循环语句也可以用于数组和字典，将数组和字典的所有元素一一输出，这将在第 6 章的集合类型中讨论数组和字典时再加以说明。

4.5 嵌套循环

若在循环语句内包含另一循环语句，则称之为嵌套循环（nested loop）。下面以一个范例程序进行说明。

范例程序

```
01  var i, j: Int
```

```
02    for i=1; i<=3; i++ {
03        println("i=\(i)")
04        print("j=")
05        for j=1; j<=9; j++ {
06            print(" \(j)")
07        }
08        println("\n")
09    }
```

📑 输出结果

```
i=1
j= 1 2 3 4 5 6 7 8 9

i=2
j= 1 2 3 4 5 6 7 8 9

i=3
j= 1 2 3 4 5 6 7 8 9
```

　　此程序的第一个 for 语句称为外循环，此循环的 i 是从 1 到 3。而第二个 for 语句，称之为内循环，此循环的 j 是从 1 到 9。从输出结果可知，当 i 每执行一次时，j 会执行 9 次。

　　下面列举一个更具体的范例，还记得小学时，老师和父母一定要叫我们熟背九九乘法表吗？下一个程序是用 Swift 所编写的九九乘法表程序的第 1 个版本。

📑 范例程序

```
01    var i: Int
02    for i=1; i<=9; i++ {
03        for var j = 1; j<=9; j++ {
04            if (i*j) < 10 {
05                println(" \(i)*\(j)= \(i*j)")
06            }
07            else {
08                println(" \(i)*\(j)=\(i*j)")
09            }
10        }
11    }
```

📑 输出结果

```
1*1= 1
1*2= 2
```

48

```
1*3= 3
1*4= 4
1*5= 5
1*6= 6
1*7= 7
1*8= 8
1*9= 9
2*1= 2
2*2= 4
2*3= 6
2*4= 8
2*5=10
2*6=12
2*7=14
2*8=16
2*9=18
3*1= 3
3*2= 6
3*3= 9
3*4=12
3*5=15
3*6=18
3*7=21
3*8=24
3*9=27
4*1= 4
4*2= 8
4*3=12
4*4=16
4*5=20
4*6=24
4*7=28
4*8=32
4*9=36
5*1= 5
5*2=10
5*3=15
5*4=20
5*5=25
5*6=30
5*7=35
5*8=40
5*9=45
6*1= 6
6*2=12
6*3=18
6*4=24
6*5=30
6*6=36
6*7=42
6*8=48
6*9=54
7*1= 7
```

```
7*2=14
7*3=21
7*4=28
7*5=35
7*6=42
7*7=49
7*8=56
7*9=63
8*1= 8
8*2=16
8*3=24
8*4=32
8*5=40
8*6=48
8*7=56
8*8=64
8*9=72
9*1= 9
9*2=18
9*3=27
9*4=36
9*5=45
9*6=54
9*7=63
9*8=72
9*9=81
```

从输出结果可知，在每一个输出后都跳行，这样太浪费空间了。那么大家一定会想，将 println 函数用 print 函数取代不就可以了吗？我们就试着改改看吧！下一个程序是九九乘法表的第 2 个版本。

范例程序

```
01  //nested for loop
02  var i: Int
03  for i=1; i<=9; i++ {
04      for var j=1; j<=9; j++ {
05          if (i*j) < 10 {
06              print(" \(i)*\(j)= \(i*j)")
07          }
08          else {
09              print(" \(i)*\(j)=\(i*j)")
10          }
11      }
12  }
```

输出结果

```
1*1= 1 1*2= 2 1*3= 3 1*4= 4 1*5= 5 1*6= 6 1*7= 7 1*8= 8 1*9= 9 2*1= 2 2*2= 4 2*3= 6
2*4= 8 2*5=10 2*6=12 2*7=14 2*8=16 2*9=18 3*1= 3 3*2= 6 3*3= 9 3*4=12 3*5=15 3*6=18
3*7=21 3*8=24 3*9=27 4*1= 4 4*2= 8 4*3=12 4*4=16 4*5=20 4*6=24 4*7=28 4*8=32 4*9=36
5*1= 5 5*2=10 5*3=15 5*4=20 5*5=25 5*6=30 5*7=35 5*8=40 5*9=45 6*1= 6 6*2=12 6*3=18
6*4=24 6*5=30 6*6=36 6*7=42 6*8=48 6*9=54 7*1= 7 7*2=14 7*3=21 7*4=28 7*5=35 7*6=42
7*7=49 7*8=56 7*9=63 8*1= 8 8*2=16 8*3=24 8*4=32 8*5=40 8*6=48 8*7=56 8*8=64 8*9=72
9*1= 9 9*2=18 9*3=27 9*4=36 9*5=45 9*6=54 9*7=63 9*8=72 9*9=81
```

我想这个输出结果不太好看，而且一定也看不太懂，因为全部的输出都挤在一起。有人应该想出答案了，原来换行是在输出完一行时才加入的。下一个程序是九九乘法表的第 3 个版本。

 范例程序

```
01  //nested for loop
02  var i: Int
03  for i=1; i<=9; i++ {
04      for var j=1; j<=9; j++ {
05          if (i*j) < 10 {
06              print(" \(i)*\(j)= \(i*j)")
07          }
08          else {
09              print(" \(i)*\(j)=\(i*j)")
10          }
11      }
12      println()
13  }
```

 输出结果

```
1*1= 1 1*2= 2 1*3= 3 1*4= 4 1*5= 5 1*6= 6 1*7= 7 1*8= 8 1*9= 9
2*1= 2 2*2= 4 2*3= 6 2*4= 8 2*5=10 2*6=12 2*7=14 2*8=16 2*9=18
3*1= 3 3*2= 6 3*3= 9 3*4=12 3*5=15 3*6=18 3*7=21 3*8=24 3*9=27
4*1= 4 4*2= 8 4*3=12 4*4=16 4*5=20 4*6=24 4*7=28 4*8=32 4*9=36
5*1= 5 5*2=10 5*3=15 5*4=20 5*5=25 5*6=30 5*7=35 5*8=40 5*9=45
6*1= 6 6*2=12 6*3=18 6*4=24 6*5=30 6*6=36 6*7=42 6*8=48 6*9=54
7*1= 7 7*2=14 7*3=21 7*4=28 7*5=35 7*6=42 7*7=49 7*8=56 7*9=63
8*1= 8 8*2=16 8*3=24 8*4=32 8*5=40 8*6=48 8*7=56 8*8=64 8*9=72
9*1= 9 9*2=18 9*3=27 9*4=36 9*5=45 9*6=54 9*7=63 9*8=72 9*9=81
```

哇！真的漂亮多了，但这样的格式不是我们想要的，所以将上一范例程序稍微再修改一下。下一程序是九九乘法表的第 4 个版本。

📖 范例程序

```
01  //nested for loop
02  var i: Int
03  for i=1; i<=9; i++ {
04      for var j=1; j<=9; j++ {
05          if (i*j) < 10 {
06              print(" \(j)*\(i)= \(i*j)")
07          }
08          else {
09              print(" \(j)*\(i)=\(i*j)")
10          }
11      }
12      println()
13  }
```

🔍 输出结果

```
1*1= 1 2*1= 2 3*1= 3 4*1= 4 5*1= 5 6*1= 6 7*1= 7 8*1= 8 9*1= 9
1*2= 2 2*2= 4 3*2= 6 4*2= 8 5*2=10 6*2=12 7*2=14 8*2=16 9*2=18
1*3= 3 2*3= 6 3*3= 9 4*3=12 5*3=15 6*3=18 7*3=21 8*3=24 9*3=27
1*4= 4 2*4= 8 3*4=12 4*4=16 5*4=20 6*4=24 7*4=28 8*4=32 9*4=36
1*5= 5 2*5=10 3*5=15 4*5=20 5*5=25 6*5=30 7*5=35 8*5=40 9*5=45
1*6= 6 2*6=12 3*6=18 4*6=24 5*6=30 6*6=36 7*6=42 8*6=48 9*6=54
1*7= 7 2*7=14 3*7=21 4*7=28 5*7=35 6*7=42 7*7=49 8*7=56 9*7=63
1*8= 8 2*8=16 3*8=24 4*8=32 5*8=40 6*8=48 7*8=56 8*8=64 9*8=72
1*9= 9 2*9=18 3*9=27 4*9=36 5*9=45 6*9=54 7*9=63 8*9=72 9*9=81
```

这才是我们当小学生时，所使用的九九乘法表的格式。只是将 printf 函数中的 i 和 j 对调而已。由于第一行的第一个数字会随着程序的运行而改变，所以将内循环的控制变量 j 行设为优先。虽然 Swift 没有像 C 和 Objective-C 一样提供字段宽，但是也可以写出具有同样功能的语句，利用选择语句来控制空白数目。

再来看其他的应用范例，例如下一个范例程序是按照阶层输出不同的数字，第一层输出 1，第二层输出 1 和 2，第三层输出 1、2 及 3，依次类推。

📖 范例程序

```
01  var i, j: Int
02  for i=1; i<=9; i++ {
03      for j=1; j<=i; j++ {
04          print(" \(j)")
05      }
06      println("\n")
07  }
```

输出结果

```
1
1 2
1 2 3
1 2 3 4
1 2 3 4 5
1 2 3 4 5 6
1 2 3 4 5 6 7
1 2 3 4 5 6 7 8
1 2 3 4 5 6 7 8 9
```

注意，内循环的条件表达式为"j <= i"，表示最多输出到 i 为止。而下一个范例程序是上一个范例程序的扩充，只增加了一个递减的循环而已。

范例程序

```
01    var i, j: Int
02    for i=1; i<=9; i++ {
03        for j=1; j<=i; j++ {
04            print(" \(j)")
05        }
06        println()
07    }
08
09    for i=8; i>=1; i-- {
10        for j=1; j<=i; j++ {
11            print(" \(j)")
12        }
13        println()
14    }
```

输出结果

```
1
1 2
1 2 3
1 2 3 4
1 2 3 4 5
1 2 3 4 5 6
1 2 3 4 5 6 7
1 2 3 4 5 6 7 8
1 2 3 4 5 6 7 8 9
1 2 3 4 5 6 7 8
1 2 3 4 5 6 7
1 2 3 4 5 6
1 2 3 4 5
1 2 3 4
```

```
1 2 3
1 2
1
```

当我们编写程序时，几乎都会用到循环语句，所以必须要切实地了解它。下一章是选择语句，也是使用频率相当高的语句。当循环语句碰上选择语句时会擦出什么火花呢？请参阅第 5 章的选择语句。

4.6 String(format:)格式

在上一个输出正确九九乘法表的范例程序中，可以使用 String(format:)格式加以简化，不需要使用 if…else 语句，程序如下所示。

范例程序

```
01  //nested for loop
02  var i: Int
03  for i=1; i<=9; i++ {
04      for var j=1; j<=9; j++ {
05          print(String(format: "%d*%d=%2d ", j, i, i*j))
06      }
07      println()
08  }
09
```

程序的输出结果，如同上一个正确九九乘法表的范例程序，其中"format:"后接的格式与其他的程序语言相同，%d*%d=%2d 对应的是后面的三个参数，分别是 j，i 与 i*j，而且%2d 表示有两个字段，若其对应的参数值只有一位，则左边的那一位会是空格。同样的方式，若使用%-2d，则表示向左靠齐，右边的那一位会是空格。

习 题

1. 产生 1 到 500 的质数（提示：若一个数的因子只有 1 和其本身，则称此数为质数）。

2. 试问下一个程序在做什么？请进行说明。

```
var u=30, v=25, temp=1
print("\(u) 与 \(v) 的最大公约数是 ")

while v != 0 {
    temp = u%v
    u=v
```

```
        v=temp
    }
println(u)
```

3. 试求两个分数相加，并予以约分。

提示：必须求出分子与分母的最大公约数（great common divisor, gcd），然后将分子与分母除以 gcd。

4. 利用任意循环语句输出以下的图形。

（a）

```
*
**
***
****
*****
```

（b）

```
    *
   **
  ***
 ****
*****
```

（c）

```
*****
****
***
**
*
```

（d）

```
*****
 ****
  ***
   **
    *
```

5. 试问下列片段程序的输出结果：

（a）

```
//for loop
var index: Int
var total = 0
```

```
for index = 2; index < 100; index++ {
    total += index
}
println("\(total)")
```

（b）

```
//while loop
var total = 0, index = 1
while index < 100 {
    total += index
    index++
}
println("\(total)")
```

（c）

```
//while loop
var total = 0, index = 1
while index < 100 {
    index++
    total += index
}
println("\(total)")
```

（d）

```
//do-while loop
var total = 0, index = 1
do {
    total += index
    index += 2
} while index <= 100
println("\(total)")
```

（e）

```
//do-while loop
var total = 0, index = 1
do {
    total += index
    index += 1
} while index < 100
println("\(total)")
```

（f）

```
//do-while loop
```

```
var total = 0, index = 1
do {
    index += 1
    total += index
} while index <= 100
println("\(total)")
```

（g）

```
//for-in loop statement
for i in 1..<6 {
    println("\(i) times 5 is \(i*5)")
}
```

6. 以下的程序是计算 1 加到 100 的总和，若程序中有错误，请你调试一下。

（a）

```
//for loop
var index: Int
var total = 0
for index = 1, index < 100, index++ {
    total += index
}
println("1 加到\(index-1)的总和: \(total)")
```

（b）

```
//while loop
var total = 0, index = 1
while index < 100 {
    total += index
}
println("1 加到\(index-1)的总和: \(total)")
```

（c）

```
//while loop
var total = 0, index = 1
while index <= 100 {
        index++
        total += index
}
println("1 加到\(index-1)的总和: \(total)")
```

（d）

```
//do-while loop
var total:Int, index = 1
do {
```

```
    total += index
    index++
} while index >= 100
println("1 加到\(index-1)的总和：\(total)")
```

（e）

```
//for-in loop
var total = 0, end = 100
for i in 1..<end {
    total += i
}
println("1 加到\(end)的总和：\(total)")
```

7. 依据以下的输出结果编写 Swift 程序：以下是九九乘法表的不同表示方式。

（a）

```
1   2   3   4   5   6   7   8   9
2   4   6   8   10  12  14  16  18
3   6   9   12  15  18  21  24  27
4   8   12  16  20  24  28  32  36
5   10  15  20  25  30  35  40  45
6   12  18  24  30  36  42  48  54
7   14  21  28  35  42  49  56  63
8   16  24  32  40  48  56  64  72
9   18  27  36  45  54  63  72  81
```

（b）

```
1
2   4
3   6   9
4   8   12  16
5   10  15  20  25
6   12  18  24  30  36
7   14  21  28  35  42  49
8   16  24  32  40  48  56  64
9   18  27  36  45  54  63  72  81
```

第 5 章
选择语句

在我们的人生中，经常要做选择，例如，升学或是就业，出国留学或是留在国内念书，去瑞士或是意大利旅行，买 SUV 或普通轿车等，这些都是在做选择。同样的，在编写 Swift 时，也经常要加以判断，从中选择适当的语句执行，此语句称为选择语句（selection statement）。

Swift 提供多样化的选择语句，有 if、if⋯else、else⋯if 及 switch 等，除此之外，还提供三目运算符、break、continue、fallthrough 以及标签语句，这些内容将在下面的正文中加以阐述。

5.1 if 语句

if 语句，表示若条件表达式为真时，则执行其对应的语句，若为假，则不做任何事。其格式如下：

```
if 条件表达式 {
    当条件为真时，要执行的语句
}
```

我们以下一个范例程序来说明如何求得某数的绝对值。

📑 **范例程序**

```
01   //selection statement
02   var num = -100
03   if num < 0 {
04       num = -num
05   }
06   println("num 的绝对值为 \(num)")
```

输出结果

num 的绝对值为 100

范例程序中的 if 语句，若以流程图表示，则如图 5-1 所示。

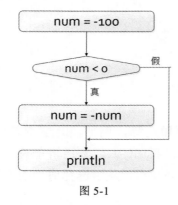

图 5-1

当输入的数值小于 0 时，将此数值加上负号；而当数值大于 0 时，将不予理会，这是在计算 num 的绝对值。

你是否注意到，if 后面的条件表达式不必加括号，这和 Objective-C 和 C 要加括号是不一样的。Swift 在 if 后面的主体语句不管有一条或多条语句，都要加上大括号。

再看如下范例，用于判断 John 考试的分数是否通过。

范例程序

```
01    let johnScore = 88
02    if johnScore >= 60 {
03        println("John's score: \(johnScore), 恭喜您通过")
04    }
05    println("Over")
```

输出结果

John's score: 88, 恭喜您通过
Over

若 johnScore 的分数小于 60 时，将只输出 Over，有一点要特别注意，在 C 程序语言的条件表达式中，可以将某个数值赋值给某个变量，然后判断它是否不为 0，若是，则为真，但在 Swift 语言中这是被禁止的，例如要判断 num 是否等于 num2，程序如下所示。

范例程序

```
01   let num = 100
02   var num2 = 10
03   if num2 = num  {
04       println("num 等于 num2")
05   } esle {
06       println("num 不等于 num2")
07   }
```

这是不允许的，因为 Swift 选择语句的条件表达式必须是使用关系运算符，所以需要改为如下形式。

范例程序

```
01   let num = 100
02   var num2 = 10
03   if num2 == num  {
04       println("num 等于 num2")
05   } else {
06       println("num 不等于 num2")
07   }
```

输出结果

```
num 不等于 num2
```

这一点要特别小心。

5.2 if…else 语句

if…else 语句，表示若条件表达式为真时，则执行条件为真所对应的语句，若为假，则执行条件为假所对应的语句，其格式如下：

```
if 条件表达式 {
    当条件为真时，所执行的语句
}
else {
    当条件为假时，所执行的语句
}
```

我们以下一个范例程序为例进行说明。

📋 **范例程序**

```
01   let maryScore = 58
02   if maryScore >= 60 {
03       println("恭喜您，通过")
04   } else {
05       println("抱歉，您没通过")
06   }
07   println("Over")
```

🔍 **输出结果**

```
抱歉，您没通过
Over
```

当 maryScore 大于等于 60，则执行输出"恭喜您，通过"，否则输出"抱歉，您没通过"的信息。范例程序中的 if…else 语句，若以流程图表示，则如图 5-2 所示。

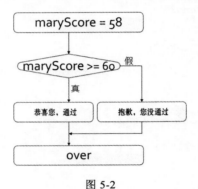

图 5-2

我们经常会在条件表达式中，应该使用关系运算符（==）时却误用了赋值运算符（=），这在 Swift 中是不允许的。以下一个范例程序为例，当输入的值为 1 时，则左转，否则右转。

📋 **范例程序**

```
01   let turnRightOrLeft = 2
02   if turnRightOrLeft == 1 {
03       println("请左转")
04   } else {
05       println("请右转")
06   }
```

📋 输出结果

请右转

注意，要使用关系运算符的"=="，而不是赋值运算符"="。若将上述的 if…else 语句改用赋值运算符，则代码如下所示：

```
let turnRightOrLeft = 2
if turnRightOrLeft = 1 {
    println("请左转")
} else {
    println("请右转")
}
```

执行此程序时，将会出现错误信息，因为"trunRightOrLeft = 1"有两个地方错误：一是 turnRightOrLeft 是常量名，不可以再赋值给它；二是，在 if 的条件表达式中只能使用关系运算符。因为 Swift 不像 Objective-C 或 C，将不等于 0 的数值视为真。这是初学者常犯的错误，不可不小心。

下一个范例程序用于判断输入的整数是偶数或是奇数。如何判断此整数是否为偶数呢？很简单，只要它能被 2 整除即可。

📋 范例程序

```
01  let number = 101
02  if number % 2 == 0 {
03      println("\(number) 是偶数")
04  } else {
05      println("\(number) 是奇数")
06  }
```

📋 输出结果

101 是奇数

我们以下列表达式"(num % 2 == 0)"判断 num 是否为偶数。注意要使用关系运算符的等于运算符（==）。

我们也可以加入 for 循环语句，用于计算 1 到 100 中有多少个偶数，多少个奇数，程序如下所示。

📋 范例程序

```
01  var evenCount = 0, oddCount = 0
02  for var i=1; i<=100; i++ {
```

```
03        if i % 2 == 0 {
04            evenCount++
05        } else {
06            oddCount++
07        }
08    }
09  println("有 \(evenCount) 个偶数，有 \(oddCount) 个奇数")
```

📃 输出结果

有 **50** 个偶数，有 **50** 个奇数

5.3 else…if 语句

上述请左转或请右转的范例，好像少了一个请直走的信息。此时就有了多个条件要加以判断，可以使用 else…if 语句来完成此项任务。我们以下一个范例程序为例进行说明。

📃 范例程序

```
01  let turnRightOrLeft = 3
02  if turnRightOrLeft == 1 {
03      println("请左转")
04  } else if turnRightOrLeft == 2 {
05      println("请右转")
06  } else {
07      println("请直走")
08  }
```

📃 输出结果

请直走

类似的问题很多，如小时候常常玩的剪刀、石头和布，请参阅下一范例程序。

📃 范例程序

```
01  let gesture = 5
02  print("您出的手势是： ")
03  if gesture == 2 {
04      println("剪刀")
05  } else if gesture == 0 {
```

```
06        println("石头")
07    } else if gesture == 5 {
08        println("布")
09    } else {
10        println("不正确的手势")
11    }
12    println("Over")
```

输出结果

```
您出的手势是：布
over
```

此范例程序对应的流程图如图 5-3 所示。

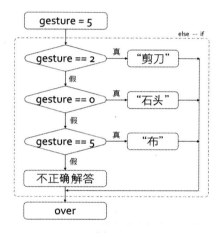

图 5-3

若要使条件更严格，则可以利用逻辑运算符的&&（与）表示，所有的条件都为真，结果才为真。反之，若要使条件比较宽松，则可使用逻辑运算符的 ||（或）表示，只要有一个条件为真，其结果就为真。我们以下一个范例程序判断输入的年份是闰年或是平年。

范例程序

```
01    //leap year or not
02    let year = 2014
03    if (year % 400 == 0) || ((year % 4 == 0) && year % 100 != 0) {
04        println("\(year) 是闰年")
05    } else {
06        println("\(year) 是平年")
07    }
```

📖 **输出结果**

2014 是平年

　　若输入的年份可被 400 整除，则是闰年；若无法满足此条件，则再判断是否能被 4 整除，而且不能被 100 整除，若是，则也是闰年，否则输入的年份是平年。我们特意将后面的两个条件加上括号，将上述说明以条件表达式表示如下：

```
(year % 400 == 0) || ((year % 4 == 0) && (year % 100 != 0))
```

　　注意，若满足第一个表达式(year % 400 == 0)，则后面的表达式就可以省略，因为后面是以逻辑运算符"||"连接起来的条件表达式。

5.4 switch 语句

　　由于 else…if 在视觉上看起来比较冗长，所以经常会以 switch…case 语句取代。switch…case 语句的语法如下：

```
switch 表达式 {
    case 常量: 语句

        …
    default:  语句
}
```

　　其中 switch、case、default 都为保留字。case 后面的常量只能为整数常量或是字符常量，并加上一个冒号（:）。在 Objective-C 或 C 中，每一个 case 语句的后面都有 break 语句，表示结束 switch 的语句。但是在 Swift 中可以不必加 break，它会在自动执行完对应的 case 语句后，就结束 switch 的语句块。但是要加入也无妨，只是多此一举而已，一般情况下是不会加上去的。

　　当表达式的值没有适当的 case 常量对应时，将执行 default 语句。这在 Swift 语言中是很重要的，因为选择语句必须包含所有的情况。下面列举一些范例加以说明。

📖 **范例程序**

```
01  let signal: String = "Green"
02  if signal == "Red" {
03      println("现在是红灯，不可以通行")
04  } else if signal == "Green" {
05      println("现在是绿灯，可以通行")
06  } else if signal == "Yellow" {
07      println("现在是黄灯，请等一等")
```

```
08      } else {
09          println("红绿灯坏了")
10      }
```

输出结果

现在是绿灯，可以通行

以上程序是以 else…if 编写的，我们将它转为 switch…case，如下所示。

```
//switch statement
let signal: String = "Green"
switch signal {
case "Red":
        println("现在是红灯，不可以通行")
case "Green":
        println("现在是绿灯，可以通行")
case "Yellow":
        println("现在是黄灯，请等一等")
default:
        println("红绿灯坏了")
}
```

输出结果同上，若在每一个 case 后面的语句中都加上 break 语句也是可以的，但对 Swift 来说是多余的，因为在执行完其所对应的 case 语句后，会自动结束 switch 语句块。

我们将剪刀、石头、布的范例程序，改用 switch…case 语句来表示，其程序如下所示。

范例程序

```
01  let gesture = 5
02  print("您出的手势是：  ")
03  switch gesture {
04  case 2:
05      println("剪刀")
06  case 0:
07      println("石头")
08  case 5:
09      println("布")
10  default:
11      println("不正确手势")
12  }
13  println("Over")
```

📑 **输出结果**

您出的手势是：布	
Over	

注意，若将上述的 default 语句省略，将会出现"switch must be exhaustive, consider adding a default clause"的错误信息。

此范例程序对应的流程如图 5-4 所示。

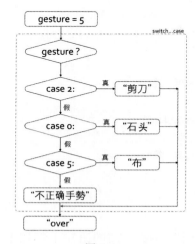

图 5-4

在 Swift 中，switch…case 中的 case 值可以有多个，如下范例所示。

📱 **范例程序**

```
01   //switch...case
02   let grade = "A-"
03   switch grade {
04   case "A+", "A", "A-":
05       println("Excellent")
06   case "B+", "B", "B-":
07       println("Good")
08   case "C+", "C", "C-":
09       println("Not good")
10   default:
11       println("Bad")
12   }
```

📑 **输出结果**

Excellent	

若此程序的 case 后面有多个值，则必须以逗号隔开，这是 Objective-C 或 C 所没有的功能。注意，Swift 的字符也是以双引号括起来的，如同字符串一样。另一种格式是可使用区间的值，如下范例所示。

范例程序

```
01   let yourScore = 89
02   var grade: String
03   switch yourScore {
04   case 97...100:
05       grade = "A+"
06   case 93 ... 96.9:
07       grade = "A"
08   case 90...92.9:
09       grade = "A-"
10   case 87 ... 89.9:
11       grade = "B+"
12   case 83...86.9:
13       grade = "B"
14   case 80...82.9:
15       grade = "B-"
16   case 77...79.9:
17       grade = "C+"
18   case 73...76.9:
19       grade = "C"
20   case 70...72.9:
21       grade = "C-"
22   case 67...69.9:
23       grade = "C+"
24   case 63...66.9:
25       grade = "C"
26   case 60...62.9:
27       grade = "C-"
28   default:
29       grade = "D"
30   }
31   println("Your grade is \(grade)")
```

输出结果

```
Your grade is B+
```

case 后面的区间以 " ... " 表示区间的值，89 分落在 grade 中为 B+。

还有一种格式是以元组（tuple）的方式表示。在未谈范例之前，我们先谈 tuple，如下所示：

```
let k  = ("Hello", 2.2, 3)
println("\(k.0), \(k.1), \(k.2)")
```

上述的 k 是 tuple 的类型，以小括号括起，括号里面是任何类型的元素。如上所示表示有三个元素，分别为字符串 "Hello"，Double 浮点数 2.2，以及整数 3。若要存取每一元素，则以 k.0、k.1 与 k.2 表示。上述程序的输出结果为：

```
Hello, 2.2, 3
```

了解了 tuple 概念以后，现在就可以来看在 case 后面以 tuple 表示的情况，如下所示。

范例程序

```
01  let onePoint = (1, 2)
02  switch onePoint {
03  case (0, 0):
04      println("(0, 0) 是在原点上")
05  case (_, 0):
06      println("\(onePoint.0), 0) 是在 x 轴上")
07  case (0, _):
08      println("0, \(onePoint.1)) 是在 y 轴上")
09  case (-3...3, -3...3):
10      println("\(onePoint.0), \(onePoint.1)) 是在正方形内")
11  default:
12      println("\(onePoint.0), \(onePoint.1)) 不在正方形内")
13  }
```

输出结果

(1, 2) 是在正方形内

case 子句中的下划线（_）表示任何值。若觉得上一范例不太方便，可以使用值绑定（value binding）的方式表示，如下所示：

范例程序

```
01  let anotherPoint = (1.1, 2.2)
02  switch anotherPoint {
03  case (0, 0):
04      println("(0, 0) 是在原点上")
05  case (let x, 0):
06      println("在 x 轴上, x 值为 \(x)")
07  case (0, let y):
08      println("在 y 轴上, y 值为 \(y)")
```

70

```
09      case (let x, let y):
10          println("在(\(x), \(y)) 的坐标上")
11      }
```

输出结果

在(1.1, 2.2) 的坐标上

在 Swift 中包含一个新的功能，即在 case 子句中加上 where 关键字，可使条件更加严格。

范例程序

```
01      let morePoint = (1.1, -1.1)
02      switch morePoint {
03      case (let x, let y) where x == y:
04          println("(\(x), \(y)) 在 x == y 在线")
05      case (let x, let y) where x == -y:
06          println("(\(x), \(y)) 在 x == -y 在线")
07      case (let x, let y):
08          println("在(\(x), \(y)) 在任意的点上")
09      }
```

输出结果

(1.1, -1.1) 在 x == -y 在线

上述两个范例可以将 case 后的 let 往前提，例如以下程序所示：

```
let morePoint = (1.1, -1.1)
switch morePoint {
case let (x, y) where x == y:
    println("(\(x), \(y)) 在 x == y 在线")
case let (x, y) where x == -y:
    println("(\(x), \(y)) 在 x == -y 在线")
case let (x, y):
    println("在(\(x), \(y)) 在任意的点上")
}

let k  = ("Hello", 2.2, 3)
println("\(k.0), \(k.1), \(k.2)")
```

输出结果同上，你是否觉得这样的可读性比较强呢？

5.5 条件运算符

条件运算符（conditional operator）是由"?"和":"两个符号组成的，其又称为三目运算符（ternary operator），此运算符作用于三个操作数，请参阅下一个范例程序。

范例程序

```
01    let number: Int16 = -101
02    var absoluteNum: Int16
03    if number <= 0 {
04        absoluteNum = -number
05    } else {
06        absoluteNum = number
07    }
```

输出结果

101 的绝对值为 101	

在上述程序中设置 number 和 absoluteNum 的数据类型都为 Int16，此程序用于求某数的绝对值。若 number 小于 0，表示此数为负数，则将 –number 赋值给 absoluteNum。若 number 大于等于 0，表示此数为正数，则将 number 赋值给 absoluteNum。其实上述的 if 语句可以利用条件运算符，即三目运算符来表示，如下程序所示：

```
//ternary operator
let number: Int16 = -101
var absoluteNum: Int16
absoluteNum = number <= 0 ? -number : number
 println("\(number) 的绝对值为 \(absoluteNum)")
```

值得一提的是，条件运算符的运算优先级位于逻辑运算符与赋值运算符之间，而其结合性是从右到左执行的。

5.6 break、continue 及 fallthrough 语句

Swift 的控制转移语句有 break、continue 及 fallthrough。break 语句除了用在 switch 中外，也可用于循环语句中。在循环中，若遇到 break，则表示中止此循环；若

遇到 continue，则不执行 continue 以下的语句，而回到循环的下一个有效语句，请参考下一个范例程序。

　　此程序将 data 数组的 10 个元素值，计算其偶数和，此时可以在 for-in 循环中利用 continue 来完成，如下所示。

范例程序

```
01 //continue
02 var data = [10, 20, 30, 40, 50, 61, 70]
03 var total = 0
04 for i in data {
05     if i%2 == 0 {
06         total += i
07     } else {
08         continue
09     }
10 }
11 println("total = \(total)")
```

输出结果

```
total = 220
```

　　程序中的语句"var data = [10, 20, 30, 40, 50, 61, 70]"表示是一个含有 10 个元素的数组。当遇到 61 时，将会跳过，而不是结束，所以会再存取下一个数据 70。由于它是偶数，所以会加入到总和中。

　　若将上一个范例程序的 continue 改用 break，则表示当遇到奇数时将会结束 for-in 循环，程序如下所示。

范例程序

```
01 //break
02 var data = [10, 20, 30, 40, 50, 61, 70]
03 var total = 0
04 for i in data {
05     if i%2 == 0 {
06         total += i
07     } else {
08         break
09     }
10 }
11 println("total = \(total)")
```

```
total = 150
```

当遇到数组的 61 元素值时，程序将会结束。除了使用 for-in 循环外，也可以使用 for 循环，程序如下所示：

范例程序

```
01   //continue2
02   var data = [10, 20, 30, 40, 50, 61, 70]
03   var total = 0
04   var i: Int
05   for i=0; i<data.count; i++ {
06       if data[i] % 2 == 0 {
07           total += data[i]
08       } else {
09           continue
10       }
```

输出结果

```
total = 220
```

上述代码与 for-in、continue 语句配合的输出结果是相同的。此处以 data[i]代表 i 索引的数组值，其中 count 函数用于计算数组的个数，其余的运行方式都相同。另一个 for-in 与 break 语句的循环，就当作自我练习题，这里不再赘述。

接下来讨论 fallthrough 语句，表示强制性地向下一个 case 执行，请看以下的范例程序。

范例程序

```
01   //fallthrough
02   let kk = 1
03   switch kk {
04     case 1: println("kk = 1")
05         fallthrough
06     case 2: println("kk = 2")
07     case 3: println("kk = 3")
08         fallthrough
09     default: println("Nothing")
10   }
```

输出结果

```
kk = 1
kk = 2
```

当 kk=1 时，将从 case 等于 1 之处执行，之后碰到 fallthrough，所以继续往下执行。当执行完 case 2 后 switch…case 语句就结束了。

除了上述三种语句外，还有一个是标签语句（labeled statement），如下所示。

范例程序

```
01   //label statement
02   var i, j: Int
03   forloop: for i=1; i<=10; i++ {
04       for j=1; j<100; j++ {
05           if i*j > 505 {
06               println("\(i)*\(j)=\(i*j)")
07               break forloop
08           }
09       }
10       println("i=\(i), j=\(j)")
11   }
12   println("Over")
```

输出结果

```
i=1, j=100
i=2, j=100
i=3, j=100
i=4, j=100
i=5, j=100
6*85=510
Over
```

其中 forLoop 是标签语句。当 i*j > 505 时，将会执行"break forLoop"语句，也就是结束外循环的 for 语句，这是其最大的用意，因为 break 用于结束其对应的 for 循环语句，当要在外层结束时，则需要用此语句。

习　题

1. 请以 for-in 编写从 1 加到 100 的偶数和与奇数和。

2. 试问下列程序的输出结果：

（a）

```
//continue
var total = 0
for var i = 1; i <= 100; i++ {
    if i % 2 == 0 {
        total += i
    } else {
        continue
    }
}
println("total = \(total)")
```

（b）

```
//break
var total = 0
for var i = 1; i <= 100; i++ {
    if i % 2 == 0 {
        total += i
    } else {
        break
    }
}
println("total = \(total)")
```

（c）

```
//continue
var data = [11, 20, 31, 41, 51, 61, 70]
var total = 0
for i in data {
    if i%2 == 1 {
        total += i
    } else {
        continue
    }
}
println("total = \(total)")
```

（d）

```
//fallthrough
let kk = 3
switch kk {
  case 1: println("kk = 1")
        fallthrough
  case 2: println("kk = 2")
  case 3: println("kk = 3")
```

```
        fallthrough
    default: println("Nothing")
}
```

（e）

```
//fallthrough
let kk = 2
switch kk {
    case 1: println("kk = 1")
    case 2: println("kk = 2")
        fallthrough
    case 3: println("kk = 3")
        fallthrough
    default: println("Nothing")
}
```

（f）

```
//break2
var data = [10, 20, 30, 40, 50, 61, 70]
var total = 0
var i: Int
for i=0; i<data.count; i++ {
    if data[i] % 2 == 0 {
        total += data[i]
    } else {
        break
    }
}
println("total = \(total)")
```

3. 若将第 5.3 节的剪刀、石头、布的范例程序，改为以下的程序，试问其输出结果是否一样？有什么不同之处？并画出其对应的流程图。

```
let gesture = 5
print("您出的手势是： ")
if gesture == 2 {
    println("剪刀")
}
if gesture == 0 {
    println("石头")
}
if gesture == 5 {
    println("布")
}
else {
    println("不正确的手势")
}
```

```
    }
```

4. 有三位候选人①小蔡、②小王、③小史参加评选大联盟奖，请大家投票给适当的人选，假设共有 10 人可投票，每人只能投一次。请在每人投完票后，输出每位候选人目前的得票数（提示：可利用数组存放 10 个人要选的号码）。

5. 将第 4 题加以扩充，最后输出哪位候选人当选。请不要设计有同票数的候选人。

6. 请利用 for、 while 以及 do…while 循环计算从 1 到 1000 之间 5 的倍数总和。

7. 编写一个程序输出 1 到 200 的所有质数，每一行输出 10 个质数。

8. 以下程序都有少许的错误，请你帮忙调试，顺便测试一下大家对选择语句的了解程度。

（a）

```
let turnRightOrLeft = 3
if turnRightOrLeft = 1 {
    println("请左转")
} else if turnRightOrLeft = 2 {
    println("请右转")
} else {
    println("请直走")
}
```

（b）

```
var num = -100
if num < 0
    num = -num
println("num 的绝对值为 \(num)")
```

（c）

```
//ternary operator
let number: Int16 = -101
var absoluteNum: Int16
absoluteNum = number >= 0 : -number ? number
println("\(number) 的绝对值为 \(absoluteNum)")
```

（d）

```
let num = 100
var num2 = 100
if num2 = num   {
    println("num 等于 num2")
} else {
    println("num 不等于 num2")
}
```

第6章
集合类型

Swift 提供数组（array）与字典（dictionary），这些称之为集合类型 （collection type）。以下将讨论数组的基本概念及其提供的 API、字典的含义、集合类型的指定与复制行为。

6.1 数组的表示法

在第 2 章与第 5 章中我们曾经提到过数组，本章将对其进行详细讨论。

声明一个数组变量 av 的语法如下：

```
var av = [value1, value2, value3, …]
```

或：

```
var av: [type] = [value1, value2, value3, …]
```

或：

```
var av: Array<type> = [value1, value2, value3, …]
```

以下将声明一个 fruits 数组，其表示法如下所示：

```
var fruits = ["Apple", "Orange", "Banana"]
```

或：

```
var fruits: [String] = ["Apple", "Orange", "Banana"]
```

或：

```
var fruits: Array<String> = ["Apple", "Orange", "Banana"]
```

第一个是以推导的方法来判断 fruits 是字符串的数组。第二个则明确写出其类型为 String。第三个将以 Array 开头，表示它是一个数组，接着是 "<" 括号，其中存放的是 String，表示此数组是由字符串组成的。数组中的元素值是以中括号括起来，其中就是数组的元素值，如 "Apple"，"Orange"，"Banana"为 fruits 数组的元素值，共有三个。

下面我们从一个简单的范例谈起。

范例程序

```
01   //collection type
02   //array
03
04   var arr = [0, 1, 2, 3, 4]
05   for i in arr {
06       print("\(i) ")
07   }
08
09   println("\n\(arr.count)")
10
11   var fruits = ["Apple", "Orange", "Banana"]
12   for food in fruits {
13       println(food)
14   }
```

输出结果

```
0 1 2 3 4
5
Apple
Orange
Banana
```

上述代码将 fruits 数组的元素一一输出，也可以在输出元素之前加上序号，如下范例程序所示：

范例程序

```
01   for (index, food) in enumerate(fruits) {
02       println("Item \(index+1): \(food)")
03   }
```

在 for 循环的 in 后面加上 enumerate 即可。此时会将 fruits 数组内的元素置于 food 中，以及加上序号，其中小括号不可以省略，输出结果如下所示：

输出结果

```
Item 1: Apple
Item 2: Orange
Item 3: Banana
```

6.1.1　数组的运行与一些常用的 API

有许多用于数组的应用程序接口（Application Program Interface，API），如 count、isEmpty、append、insert、removeAtIndex、removeLast、repeatedValue 以及 sorted。以下我们将一一举例说明，而且这些范例之间可能会有所关联。

首先建立一个数组，然后利用 count 函数计算其数组的个数，例如以下语句。

1. count 函数

范例程序

```
01  //count
02  var arr = [0, 1, 2, 3, 4]
03  println("\n\(arr.count)")
04
05  for i in arr {
06      print("\(i) ")
07  }
```

输出结果

```
5
0 1 2 3 4
```

存取数组中的某个元素时可以利用数组名加上中括号及索引，如 arr[0]表示 arr 数组的第一个元素值 0，arr[1]表示 arr 数组的第二个元素值 1，依次类推。注意，Swift 与其他程序语言一样，数组的索引是从 0 开始的，因此，输出数组的每个元素时也可以使用下列语句表示：

```
for var i=0; i<arr.count; i++ {
    print("\(arr[i]) ")
}
```

2. isEmpty 函数

当需要判断数组是否有元素或是空的时，可使用 isEmpty 函数，如下所示：

范例程序

```
01  if arr.isEmpty {
02      println("数组没有元素")
03  } else {
04      println("数组有元素")
05  }
```

数组有元素

3. append 函数

若要将某一个元素附加在数组的后面，可使用 append 函数，如下所示：

范例程序

```
01   arr.append(5)
02   for i in arr {
03       print("\(i) ")
04   }
05   println()
```

输出结果

0 1 2 3 4 5

append 函数也可以使用 " += " 运算符来完成运算，例如：

```
arr += [5]
```

4. insert 函数

如果要将某个元素，加入到数组中的某一特定索引，可以使用 insert(atIndex:)函数。

范例程序

```
01   arr.insert(6, atIndex: 6)
02   for i in arr {
03       print("\(i) ")
04   }
05   println()
```

输出结果

0 1 2 3 4 5 6

5. removeAtIndex 函数

若要将数组中的某一特定索引的元素删除，可以使用 removeAtIndex 函数，范例程序如下。

📲 **范例程序**

```
01  arr.removeAtIndex(0)
02  for i in arr {
03      print("\(i) ")
04  }
05  println()
```

📲 **输出结果**

```
1 2 3 4 5 6
```

6. removeLast 函数

若要将数组中的最后一个元素删除，可以使用 removeLast 函数。

📲 **范例程序**

```
01  arr.removeLast()
02  for i in arr {
03      print("\(i) ")
04  }
05  println()
```

📲 **输出结果**

```
1 2 3 4 5
```

若要改变数组中某些元素的值时，可以利用以下的语句完成：

📲 **范例程序**

```
01  arr[2...4] = [66, 77, 88]
02  for i in arr {
03      print("\(i) ")
04  }
05  println()
```

📲 **输出结果**

```
1 2 66 77 88
```

上述代码表示将 66、77 与 88 赋值给数组的第 3~5 个元素。看完上面的范例后，总觉得不太过瘾，让我们继续看下去。

若要创建一个空的数组，则如以下语句所示：

范例程序

```
01   var arrInts = [Int]()
02   println("数组中有\(arrInts.count)个")
```

输出结果

数组中有 **0** 个

再以 append 函数加入一个元素 100，代码如下所示。

范例程序

```
01   arrInts.append(100)
02   println("数组中有\(arrInts.count)个")
03
04   for i in arrInts {
05       println(i)
06   }
```

输出结果

数组中有 **1** 个
100

也可以将"[]"赋值给数组变量，此时数组是空的，例如以下语句所示：

范例程序

```
01   arrInts = []
02   println("数组中有\(arrInts.count)个")
```

输出结果

数组中有 **0** 个

7. repeatedValue 函数

我们可以利用 count 与 repeatedValue 在数组中加入多个同样的值。

📄 范例程序

```
01    var oneIntArray = [Int](count: 5, repeatedValue: 1)
02    for i in oneIntArray {
03        print("\(i) ")
04    }
05    println()
```

📄 输出结果

```
1 1 1 1 1
```

也可以用另一个方式完成上述的功能。

📄 范例程序

```
01    var anotherIntArray = Array(count: 5, repeatedValue: 2)
02    for i in anotherIntArray {
03        print("\(i) ")
04    }
05    println()
```

📄 输出结果

```
2 2 2 2 2
```

Swift 提供 "+" 运算符将两个数组合并，例如以下语句：

📄 范例程序

```
01    var moreIntArray = oneIntArray + anotherIntArray
02    for i in moreIntArray {
03        print("\(i) ")
04    }
05    println()
```

📄 输出结果

```
1 1 1 1 1 2 2 2 2 2
```

8. sorted 函数

最后可以使用 sorted 函数将数组元素从小到大排序。

范例程序

```
01   let arrays = [100, 23, 44]
02   let newArray = sorted(arrays)
03   for data in newArray {
04       print("\(data) ")
05   }
06   println()
```

输出结果

```
23 44 100
```

6.1.2 二维数组

二维数组可视为多个一维数组的集合，例如一个二维数组的形式如下：

```
1    2    3
4    5    6
```

而另一个二维数组是：

```
2    2    2
2    2    2
```

将这两个数组相加，我们可以用下列的程序表示：

范例程序

```
01   //二维数组的表示法
02   var elements1 = [1, 2, 3, 4, 5, 6]
03   var elements2 = [2, 2, 2, 2, 2, 2]
04   var elements3 = [0, 0, 0, 0, 0, 0]
05
06   for var i=0; i<=5; i++ {
07       elements3[i] = elements1[i] + elements2[i]
08   }
09
10   for var k=0; k<=5; k++ {
11       if (k % 3 == 0){
12           println()
13           print("\(elements3[k]) ")
14       } else {
15           print("\(elements3[k]) ")
16       }
17   }
18   println()
```

程序中将两个二维数组 elements1 与 elements2 相加后，存放于另一个二维数组 elements3 中，其最后的输出结果如下：

```
3 4 5
6 7 8
```

程序还利用选择语句判断它是否为 3 的倍数，若是，则跳行。

6.2 字典的表示法

声明一个字典变量 dv 的语法如下：

var dv = [key1: value1, key2: value2, key3: value3, …]

或：

var dv: Dictionary<keytype, valuetype> =
                    [key1: value1, key2: value2, key3: value3, ...]

或：

var dv: [keytype: valuetype] =
                    [key1: value1, key2: value2, key3: value3, ...]

第一个是以推导的方式表示，第二个是明确地表明其为一字典，并表明其类型，第三个是将 Dictionary 省略，并以中括号括起来，里面是其数据类型，类型之间利用冒号隔开。

下面以一个范例为例进行说明。

范例程序

```
01   //dictionary
02   var scores = ["John": 96, "Peter": 87, "Nancy": 92]
03   println("在字典中有\(scores.count)个元素")
04
05   for(name, score) in scores {
06       println("\(name): \(score)")
07   }
```

输出结果

```
在字典中有 3 个元素
John: 96
Peter: 87
Nancy: 92
```

在程序中声明字典的 scores 变量 "var scores = ["John": 96, "Peter": 87, "Nancy": 92]" 是以推导的方式表示，我们也可以用明确的类型来表示，如下所示：

```
var scores: [String: Int] = ["John": 96, "Peter": 87, "Nancy": 92]
```

当然也可以利用比较清楚的方式表示，如下所示：

```
var scores: Dictionary<String, Int> = ["John": 96, "Peter": 87, "Nancy": 92]
```

至于要使用哪一种由你决定。程序中同样也是使用 count 函数来计算字典内元素的个数。最后利用 for 循环输出字典内的所有元素，如下所示：

```
for (name, score) in scores {
    println("\(name): \(score)")
}
```

其中(name, score)分别将姓名与其对应的分数输出。

我们再列举一个范例程序，从中说明字典还提供哪些可用的 API，以下片段程序是相互关联的，也就是说后面的程序将会用到前面的程序，如下所示。

范例程序

```
01  var countries = Dictionary<String, String>()
02  countries["France"] = "Eiffel Tower"
03  countries["China"] = "Great Wall"
04  countries["Germany"] = "Berlin"
05  for(country, landmark) in countries {
06      println("\(country): \(landmark)")
07  }
```

程序利用第一个语句创建空的字典变量 countries，接着创建三个国家/地区的地标（Landmark）并加以输出，输出结果如下：

```
France: Eiffel Tower
Germany: Berlin
China: Great Wall
```

1. updateValue(forKey:)函数

updateValue(forkey:) 函数用于修改地标值，如下所示：

```
if let oldValue = countries.updateValue("Berlin Wall", forKey: "Germany") {
    println("The old value for Germany was \(oldValue)")
}
```

此方法除了将旧值改为新值外，也会返回旧值，我们将旧值存放于 oldValue，然后输出，输出结果如下：

```
The old value for Germany was Berlin
```

也可以利用上述程序的 for 循环将每一国家/地区的地标加以输出，得知 Germany 的地标也改变了，如下所示：

```
France: Eiffel Tower
Germany: Berlin Wall
China: Great Wall
```

还可以判断某个国家/地区的地标是否存在，如下所示：

```
if let landmarkName = countries["USA"] {
    println("The landmark of USA is \(landmarkName)")
} else {
    println("That landmark is not in the landmark dictionary")
}
```

由于目前 USA 还没有建立地标，所以输出结果如下：

```
That landmark is not in the landmark dictionary
```

随后，我们将 USA 的地标建立起来，并将 nil 赋值给 Germany，表示将 Germany 的地标清空，即删除此项元素，如下所示：

```
countries["USA"] = "Statue of Liberty"
countries["Germany"] = nil
for(country, landmark) in countries {
    println("\(country): \(landmark)")
}
```

此时的地标只剩下三个，输出结果如下：

```
China: Great Wall
France: Eiffel Tower
USA: Statue of Liberty
```

2. removeValueForKey 函数

删除字典中的元素项目，除了以 nil 赋值给某个键值外，也可以使用 removeValueForKey 函数。除了删除的功能外，也会返回被删除的值，此时我们可以将它赋值给某个常量名，如下所示：

```
if let removeCountry = countries.removeValueForKey("USA") {
    println("The remove landmark name is \(removeCountry)")
} else {
    println("The countries dictionary does not contain a value for France")
```

```
}
```

其输出结果如下所示:

```
The remove landmark name is Statue of Liberty
```

3. [:]

若要清空字典中的所有数据,只要将"[:]"赋值给字典变量即可,如下所示:

📋 范例程序

```
01   countries = [:]
02   countries["China"] = "Great Wall"
03   for(country, landmark) in countries {
04       println("\(country): \(landmark)")
05   }
```

上述程序在清空了字典的所有项目后,再加入一个地标,然后将其输出,输出结果如下所示:

```
China: Great Wall
```

6.3 集合类型的赋值与复制行为

数组与字典等集合类型的赋值与复制行为,其实是以结构的方式加以实现,也就是说当将某一个数组、字典赋值给另一个时,是以复制的方式实现的,彼此都有不同的空间。其实字符串的赋值(与复制)和集合类型一样,NSString、NSArray 与 NSDictionary 的赋值与复制是以参考的方式实现的,也就是说它们之间是共享的。

6.3.1 数组的赋值与复制行为

以下我们将对范例加以说明:先将数组给予三个值,分别为 10、20 以及 30,然后将此数组赋值给 j 和 k,之后将此三个数组的元素输出,程序如下所示。

📋 范例程序

```
01   //assignment array
02   var i = [10, 20, 30]
03   var j = i
04   var k = i
05   var x: Int
06
```

```
07   print("i 数组: ")
08   for x=0; x<i.count; x++ {
09       print("\(i[x]) ")
10   }
11   println()
12
13   print("j 数组: ")
14   for x=0; x<j.count; x++ {
15       print("\(j[x]) ")
16   }
17   println()
18
19   print("k 数组: ")
20   for x=0; x<k.count; x++ {
21       print("\(k[x]) ")
22   }
23   println("\n")
```

输出结果

```
i 数组: 10 20 30
j 数组: 10 20 30
k 数组: 10 20 30
```

从结果可知，这三个数组各占不同的内存空间，示意图如图 6-1 所示。

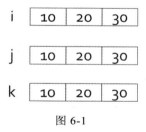

图 6-1

所以当你修改了某个数组的某一元素值时，只有此数组的该元素改变而已，其他数组还是一样的内容，例如以下程序所示。

范例程序

```
01   // change i[0]
02   i[0] = 66
03   print("i 数组: ")
04   for x=0; x<i.count; x++ {
05       print("\(i[x]) ")
```

```
06      }
07      println()
08
09      print("j 数组: ")
10      for x=0; x<j.count; x++ {
11          print("\(j[x]) ")
12      }
13      println()
14
15      print("k 数组: ")
16      for x=0; x<k.count; x++ {
17          print("\(k[x]) ")
18      }
19      println("\n")
```

此程序将 i 数组的第一个元素值改为 66，其输出结果如下。

📑 **输出结果**

```
i 数组: 66 20 30
j 数组: 10 20 30
k 数组: 10 20 30
```

只有 i 数组的第一个元素值改变而已，其示意图如图 6-2 所示。

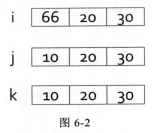

图 6-2

接下来，向 j 数组加入一个新元素 100，并修改 j 数组的第三个元素值及 k 数组的第一个元素值，程序如下所示。

📑 **范例程序**

```
01      //append 100 to j
02      //change j[2] and k[0]
03      j.append(100)
04      j[2]=88
05      k[0]=77
06      print("i 数组: ")
07      for x=0; x<i.count; x++ {
08          print("\(i[x]) ")
```

```
09    }
10    println()
11
12    print("j 数组: ")
13    for x=0; x<j.count; x++ {
14        print("\(j[x]) ")
15    }
16    println()
17
18    print("k 数组: ")
19    for x=0; x<k.count; x++ {
20        print("\(k[x]) ")
21    }
22    println("\n")
```

输出结果

```
i 数组: 66 20 30
j 数组: 10 20 88 100
k 数组: 77 20 30
```

其示意图如图 6-3 所示。

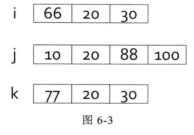

图 6-3

6.3.2 字典的赋值与复制行为

字典的指定与复制行为与上述小节的内容相差不大，都是属于复制一份空间，然后指定相同的元素给对方。我们利用下一个范例程序进行说明。

范例程序

```
01    //dictionary assignment
02    var scoreIm = ["Nancy": 89, "Jennifer": 98, "John": 78, "Mary": 88]
03
04    var scoreIm2 = scoreIm
```

程序先建立 scoreIm 的字典变量后，再将其赋值给 scoreIm2，此时 scoreIm 与 scoreIm2 各拥有不同的内存空间，其示意图（图 6-4）与测试程序如下。

scoreIm

Nancy	89
Jennifer	98
John	78
Mary	88

scoreIm2

Nancy	89
Jennifer	98
John	78
Mary	88

图 6-4

范例程序

```
01   println("在 scoreIm 字典中: ")
02   for (name, score) in scoreIm {
03       println("\(name): \(score)")
04   }
05
06   println("\n 在 scoreIm2 字典中: ")
07   for (name, score) in scoreIm2 {
08       println("\(name): \(score)")
09   }
```

输出结果

```
在 scoreIm 字典中:
Mary: 88
John: 78
Nancy: 89
Jennifer: 98

在 scoreIm2 字典中:
Mary: 88
John: 78
Nancy: 89
Jennifer: 98
```

接着将 **scoreIm2** 字典中 **Mary** 的键值所对应的分数改为 **82**，如下所示：

```
scoreIm2["Mary"] = 82
```

此时 scoreIm 与 scoreIm2 的示意图（图 6-5）与测试程序如下。

scoreIm

Nancy	89
Jennifer	98
John	78
Mary	88

scoreIm2

Nancy	89
Jennifer	98
John	78
Mary	82

图 6-5

📑 范例程序

```
01   println("\n 改变 scoreIm2 字典中 Mary 的分数为 82 后")
02   println("在 scoreIm 字典中: ")
03   for (name, score) in scoreIm {
04       println("\(name): \(score)")
05   }
06
07   println("\n 在 scoreIm2 字典中: ")
08   for (name, score) in scoreIm2 {
09       println("\(name): \(score)")
10   }
```

📑 输出结果

```
改变 scoreIm2 字典中 Mary 的分数为 82 后
在 scoreIm 字典中:
Mary: 88
John: 78
Nancy: 89
Jennifer: 98

在 scoreIm2 字典中:
Mary: 82
John: 78
Nancy: 89
```

Jennifer: 98	

从结果得知，改变 scoreIm2 中 Mary 的分数为 82，但是 scoreIm 字典中的元素没有改变。注意，输出键值的前后顺序没有多大的关系，系统以键值加以换算，将其存储于对应的位置上。

习　题

1. 试问以下程序代码的输出结果是什么？

（a）

```
var i = [66, 77, 88]
var j = i
var x: Int

print("i 数组: ")
for x=0; x<i.count; x++ {
    print("\(i[x]) ")
}
println()

print("j 数组: ")
for x=0; x<j.count; x++ {
    print("\(j[x]) ")
}
println()

// changei[0]
i[0] = 66
print("i 数组: ")
for x=0; x<i.count; x++ {
    print("\(i[x]) ")
}
println()

print("j 数组: ")
for x=0; x<j.count; x++ {
    print("\(j[x]) ")
}
println()

//append 777
j.append(777)
j[2]=99
print("i 数组: ")
for x=0; x<i.count; x++ {
    print("\(i[x]) ")
}
```

```
println()

print("j 数组: ")
for x=0; x<j.count; x++ {
    print("\(j[x]) ")
}
println()
```

（b）

```
var fruits = ["Orange", "Apple", "Banana", "Watermelon"]
var anotherFruits = fruits

println("fruits 数组中有: ")
for names in fruits {
    print("\(names) ")
}
println()

println("anotherFruits 数组中有: ")
for anotherNames in anotherFruits{
    print("\(anotherNames) ")
}

fruits[0] = "Guava"
println("\n\n 改变 fruits 数组的第一个元素为 Guava 后")
println("fruits 数组中有: ")
for names in fruits {
    print("\(names) ")
}
println()

println("anotherfruits 数组中有: ")
for anotherNames in anotherFruits{
    print("\n\(anotherNames) ")
}
println()
```

（c）

```
var arr = [1.1, 2.2, 3.3, 4.4, 5.5]
for var i=0; i<arr.count; i++ {
    print("\(arr[i]) ")
}

println("\n\(arr.count)")

if arr.isEmpty {
    println("数组没有元素")
} else {
    println("数组有元素")
}
```

```
}
arr.append(5.5)
for i in arr {
    print("\(i) ")
}
println()

arr.insert(6.6, atIndex: 6)
for i in arr {
    print("\(i) ")
}
println()

arr.removeAtIndex(0)
for i in arr {
    print("\(i) ")
}
println()

arr.removeLast()
for i in arr {
    print("\(i) ")
}
println()

arr[2...4] = [66.6, 77.6, 88.6]
for i in arr {
    print("\(i) ")
}
println()

var arrInts = [Int]()
println("数组中有 \(arrInts.count) 个")

arrInts.append(100)
//arrInts += [100]
println("数组中有 \(arrInts.count) 个")

for i in arrInts {
    println(i)
}

arrInts = []
println("数组中有 \(arrInts.count) 个")
var oneIntArray = [Int] (count: 5, repeatedValue: 1)
for i in oneIntArray {
    print("\(i) ")
}
println()

var anotherIntArray = Array (count: 5, repeatedValue: 2)
```

```
for i in anotherIntArray {
    print("\(i) ")
}
println()

var moreIntArray = oneIntArray + anotherIntArray
for i in moreIntArray {
    print("\(i) ")
}
println()
```

（d）

```
//dictionary
var nameScore = ["Jennifer": 92, "Amy": 90, "Linda":98]
var others = nameScore
println("在 nameScore 数组: ")

for (name, score) in nameScore {
    println("\(name) : \(score)")
}
println()

println("在 others 数组: ")
for (name, score) in others {
    println("\(name) : \(score)")
}
println()
```

2. 以下的程序都有少许的错误，请大家帮助查错，顺便增强一下大家设计程序的能力。

（a）

```
var countries = Dictionary<String: String>()
countries["France"] = "Eiffel Tower"
countries["China"] = "Great Wall"
countries["Germany"] = "Berlin"
for (country, landmark) in countries {
    println("\(country): \(landmark)")
}

if let oldValue = countries.updatevalue("Berlin Wall", forKey: "Germany") {
    println("The old value for Germany was \(oldValue)")
}

for (country, landmark) in countries {
    println("\(country): \(landmark)")
}
```

```
countries[USA] = "Statue of Liberty"
countries["Germany"] = Nil
for (country, landmark) in countries {
    println("\(country): \(landmark)")
}



if let removeCountry = countries.removeValueForKey("USA") {
    println("The remove landmark name is \(removeCountry)")
} else {
    println("The countries dictionary does not contain a value for France")
}

//empty dictionary
countries = []
countries["China"] = "Great Wall"
for (country, landmark) in countries {
    println("\(country): \(landmark)")
}
```

（b）

```
for (index, food) in fruits {
    println("Item \(index+1): \(food)")
}

let arrays = [100, 23, 44]
let newArray = sorted(arrays)
for data in newArray {
    print("\(data) ")
}
println()
```

第 7 章
函数

函数（function）是执行某个特定任务的片段程序。函数的主要目的是将程序予以模块化，减少重复性，并达到分工合作，以及利于维护的目的。因为软件开发的成本约有四分之三是用于维护，所以提高维护性（maintainability）是很重要的。

当程序有重复的程序代码，或要将程序加以模块化时，就可以使用函数处理。Swift 的函数与其他程序语言相比提供了更多的功能，如函数可以返回多个值、提供外部参数名称以易于阅读，输入-输出（in-out）参数可以修改参数值，以及可以将函数类型当成参数类型或者返回类型。这些主题将在本章加以论述。现在就从人人知晓的九九乘法表开始讲起吧！

7.1 定义与调用函数

假设要输出小时候每人必背的九九乘法表，如图 7-1 所示。

```
*************************************************
   1    2    3    4    5    6    7    8    9
   2    4    6    8   10   12   14   16   18
   3    6    9   12   15   18   21   24   27
   4    8   12   16   20   24   28   32   36
   5   10   15   20   25   30   35   40   45
   6   12   18   24   30   36   42   48   54
   7   14   21   28   35   42   49   56   63
   8   16   24   32   40   48   56   64   72
   9   18   27   36   45   54   63   72   81
*************************************************
```

图 7-1

若未使用函数的概念来编写，则其程序如下所示。

📑 范例程序

```
01  //printstar
```

```
02    var i: Int, j: Int
03    for i=1; i<=50; i++ {
04        print("*")
05    }
06    println()
07
08    //print multiply
09    for i=1; i<=9; i++ {
10        for j=1; j<=9; j++ {
11            if (i*j) < 10 {
12                print("   \(i*j)")
13            } else {
14                print("  \(i*j)")
15            }
16        }
17        println()
18    }
19
20    //printstar
21    for i=1; i<=50; i++ {
22        print("*")
23    }
24    println()
```

范例程序的输出结果如图 7-1 所示。分析程序可知输出 50 个 "*" 的片段程序出现了两次，在输出九九乘法表的片段程序中，由于没有像 C 或 C++提供字段宽之类的功能，所以必须利用 i*j 的计算结果是否小于 0 或是大于等于 0，来决定前面要有多少空格。若是小于 0，则有 4 个空格，否则有 3 个空格，这样也可以达到调节字段宽的功能。

我们发现在范例程序中，有关输出 "*" 的片段程序写了两次，也就是重复编写了程序代码，因此可将它加以修改，以 printStar 函数表示，例如以下程序所示。

范例程序

```
01    func printStar() -> () {
02        for var n=1; n<=50; n++ {
03            print("*")
04        }
05        println()
06    }
07
08    printStar()
09
```

```
10    var i, j: Int
11    for i=1; i<=9; i++ {
12        for j=1; j<=9; j++ {
13            if (i*j) < 10 {
14                print("  \(i*j)")
15            } else {
16                print("  \(i*j)")
17            }
18        }
19        println()
20    }
21    printStar()
```

函数的定义首先以 func 为其关键字，接下来是函数名及其参数（可有可无），最后是函数的返回值类型，如下所示：

```
func printStar() -> () {
    for var n=1; n<=50; n++ {
        print("*")
    }
    println()
}
```

其表示函数 printStar()无接收参数，因为小括号内是空的，而且无返回值，相当于 C 或 Objective-C 的 void。此时可将"-> ()"予以省略，如下所示：

```
func printStar() {
    for var n=1; n<=50; n++ {
        print("*")
    }
    println()
}
```

当然也可以将九九乘法表和输出 50 个"*"的功能，分别以 printStar 和 multiply 函数表示，例如以下范例程序所示。程序中 printStar 和 multiply 这两个函数都无返回值。

📑 范例程序

```
01    func printStar() {
02        for var n=1; n<=50; n++ {
03            print("*")
04        }
05        println()
06    }
```

```
07
08   func multiply() {
09       var i, j: Int
10       for i=1; i<=9; i++ {
11           for j=1; j<=9; j++ {
12               if (i*j) < 10 {
13                   print("    \(i*j)")
14               } else {
15                   print("   \(i*j)")
16               }
17           }
18           println()
19       }
20   }
21
22   printStar()
23   multiply()
24   printStar()
```

因此，当要输出 50 个 "*" 时，只要编写 printStar() 即可，若要输出九九乘法表则只要编写 multiply() 即可。大家是否觉得如此处理后程序比较清楚且易于阅读呢？

7.1.1 函数的参数

在上一范例程序中固定输出 50 个 "*"，若要让用户决定输出多少个 "*" 时，该如何操作呢？可以在调用函数 printStar 中给予参数（parameter），以决定 "*" 的数目，例如以下程序所示。

📑 范例程序

```
01   func printStar(starNumber: Int) {
02       for var n=1; n<=starNumber; n++ {
03           print("*")
04       }
05       println()
06   }
07
08   func multiply() {
09       var i, j: Int
10       for i=1; i<=9; i++ {
11           for j=1; j<=9; j++ {
12               if (i*j) < 10 {
13                   print("    \(i*j)")
```

```
14              } else {
15                  print("   \(i*j)")
16              }
17          }
18          println()
19      }
20  }
21
22  printStar(50)
23  multiply()
24  printStar(50)
```

其中 printStar(50)表示输出 "*" 的个数是 50，即想要输出的星星个数，其输出结果与上一范例相同。这也告诉我们调用函数时可以发送参数给它，其片段程序如下：

```
func printStar(starNumber: Int) {
    for var n=1; n<=starNumber; n++ {
        print("*")
    }
    println()
}
```

此函数告诉我们 printStar 函数接收一个整数的参数 starNumber，所以调用 printStar 函数时会发送一个参数给它，例如 printStar(50)中的 50 将会传给 starNumber。

7.1.2 函数的返回值

以上的函数，如 printStar 和 multiply 函数都没有返回值。若函数有返回值，则必须设置返回值的数据类型。请参考下一个范例程序。

范例程序

```
01  func sum(number: Int) -> Int {
02      var total = 0
03      for var i=1; i<=number; i++ {
04          total += i
05      }
06      return total
07  }
08  let i = 100
09  let tot = sum(i)
10  println("1+2+...+\(i) = \(tot)")
```

📄 **输出结果**

```
1+2+...+100 = 5050
```

由于 sum 有返回值，而且返回值的类型为 Int，所以 sum 函数中有 return total。函数的返回信号是以"->"表示，在 sum 函数中有一个参数，名为 number，其类型为 Int。函数也可以接收多个参数，其参数之间是以逗号隔开，例如以下程序所示，sum 函数有两个参数，分别是 from 与 to，用于计算从 from 到 to 的总和：

📋 **范例程序**

```
01  func sum(from: Int, to: Int) -> Int {
02      var total = 0
03      for var i=from; i<=to; i++ {
04          total += i
05      }
06      return total
07  }
08
09  let a = 1, b=100
10  let tot = sum(a, b)
11  println("\(a)+\(b)...+\(b) = \(tot)")
```

📄 **输出结果**

```
1+2+...+100 = 5050
```

程序中的"let tot = sum(a, b)"表示调用 sum 函数时，将 a 与 b 当成其参数，分别传给 from 与 to，最后将函数的返回值赋值给 tot。

7.1.3 返回多个值

一般在传统的程序语言中，函数只返回一个值，在 Swift 中可以使用 tuple 类型返回多个值。tuple 表示有序的成员集合。

📋 **范例程序**

```
01  //return multiple value
02  func sumAndMean() -> (sum: Int, mean: Int) {
03      let data = [1, 2, 3, 4, 5, 6, 7, 8 ,9, 10]
04      var sum = 0, mean = 0
05      for i in data {
06          sum += i
```

```
07          }
08          mean = (sum) / (data.count)
09          return (sum, mean)
10      }
11
12      let counter = sumAndMean()
13      println("sum=\(counter.sum), mean=\(counter.mean)")
```

📄 输出结果

```
sum=55, mean=5
```

其中 data.count 用于计算数组的个数。从程序中的 "->" 后接(sum: Int, mean: Int)
便可得知，返回值有两个，分别是 sum 与 mean，而且其类型都为 Int，所以在 return
语句中以 "return (sum, mean)" 表示。

但我们发现 mean=5 是不对的，应该是 5.5 才对，主要的原因是 mean 设为 Int，此
时只要将 mean 的类型改为 Double，并在 mean 的算式中，将 sum 和 data.count 转型为
Double 即可，例如以下程序所示：

📄 范例程序

```
01      //return multiple value
02      func sumAndMean() -> (sum: Int, mean: Double) {
03          let data = [1, 2, 3, 4, 5, 6, 7, 8 ,9, 10]
04          var sum = 0, mean = 0.0
05          for i in data {
06              sum += i
07          }
08          mean = Double(sum) / Double(data.count)
09          return (sum, mean)
10      }
11
12      let counter = sumAndMean()
13      println("sum=\(counter.sum), mean=\(counter.mean)")
```

📄 输出结果

```
sum=55, mean=5.5
```

若要将变量或常量名转型，只要将要转型的名称加在变量或常量名前即可，如
Double(sum)和 Double(data.count)，分别将 sum 与 data.count 转型为 Double。

7.2 函数的参数名

函数的参数名称在 Swift 中有一些变化，如参数有本地与外部参数名之分、默认参数值、可变参数，以及输入输出参数，以下我们将逐一讨论。

7.2.1 外部参数名

一般函数的参数名基本上是属于本地参数名（local parameter name），例如以下程序的 n1 与 n2 就是。这两个参数的类型是 Int。

```
//function parameter
func sum(n1: Int, n2: Int) -> Int {
    var total = 0

    for var i=n1; i<=n2; i++ {
        total += i
    }
    return total
}
let calculate = sum(1, 100)
println(calculate)
```

由于调用 sum 时，只以 sum(1, 100)表示，看程序的人也许无法了解这两个参数的含义，此时可使用外部参数名（external parameter name），从而使程序更清楚且易懂，例如以下范例程序所示。

```
//external parameter name
func sum(from n1: Int, to n2: Int) -> Int {
    var total = 0

    for var i=n1; i<=n2; i++ {
        total += i
    }
    return total
}
let calculate2 = sum(from: 1, to: 100)
println(calculate2)
```

在 n1 与 n2 的本地参数名前，分别加上外部参数名 from 与 to，此时可在调用函数时，加上外部参数名，这使得用户更易了解程序是在计算从 from 到 to 的和，也就是从 1 加到 100 的和。由此可见，取外部参数名是很重要的。

由于除了要写区域参数名外，又要取外部参数名，因此 Swift 为了便于编写，提供另一编写方式，那就是速记外部参数名，它在参数名前加上"#"，即同时代表它是本地与外部参数名，这可省下取两个参数名的时间，如下程序在 from 和 to 前加上"#"。

```
func sum2(#from: Int, #to: Int) -> Int {
    var total = 0

    for var i=from; i<=to; i++ {
        total += i
    }
    return total
}
let calculate3 = sum2(from: 1, to: 100)
println(calculate3)
```

在函数中使用外部参数名是个不错的方式，请大家多多利用。

7.2.2 默认参数值

在参数中可以先默认其值，这好比 C++的函数重载（function overloading），如此一来，可以满足大家的需求。例如以下范例的 to，其默认值为 100，当调用此函数，没有给定 to 值时，则以 100 为其值。当设置 to 时，则以此值为参数值。注意，默认的参数值一定要从后面的参数开始设置。

📑 范例程序

```
01   //default parameter value
02   func sum3(from n1: Int, to n2: Int = 100) -> Int {
03       var total = 0
04
05       for var i=n1; i<=n2; i++ {
06           total += i
07       }
08       return total
09   }
10   let calculate4 = sum3(from: 1)
11   print("1 加到 100 的和为: ")
12   println(calculate4)
13
14   let calculate5 = sum3(from: 1, to: 10)
15   print("1 加到 10 的和为: ")
16   println(calculate5)
```

输出结果

```
1 加到 100 的和为：5050
1 加到 10 的和为：55
```

程序中"let calculate4 = sum3(from: 1)"的语句表示调用 sum3 函数时，因为没有赋值 to 的参数值，所以使用参数的默认值 100。而下一语句"let calculate5 = sum3(from: 1, to: 10)"表示调用 sum3 函数时，没有使用默认值，因为同时给出了 from 与 to 的值。

若在函数的定义中，有默认值但没有给予外部参数名，此时本地名称和外部参数名是相同的，例如以下范例程序所示：

范例程序

```
01   func sumAndDefaultValue(n1: Int, n2: Int = 100) -> Int {
02       var total = 0
03
04       for var i=n1; i<=n2; i++ {
05           total += i
06       }
07       return total
08   }
09
10   let calculateDefaultValue = sumAndDefaultValue(1, n2: 10)
11   println(calculateDefaultValue)
12
13   let calculateDefaultValue2 = sumAndDefaultValue(1)
14   println(calculateDefaultValue2)
```

由于 n2 参数有默认值，所以 n2 表示本地参数名，同时也表示外部参数名。当调用 sumAndDefaultValue(1, n2: 10)时，若不使用默认值，则 n2 就如同外部参数名，它是不可以省略的。

7.2.3 可变参数

一般的函数都是将要接收的参数固定好，但是，若要传给参数的个数是不定数时，该怎么办呢？这时 Swift 提供所谓的可变参数（variadic parameters），这可让参数的个数更加具有弹性。

范例程序

```
01   // variadic parameters
02   func sum(numbers: Int...) -> Int {
```

```
03        var total = 0
04        for i in numbers {
05            total += i
06        }
07        return total
08    }
09    let data1 = sum(1, 2, 3, 4, 5)
10    println("data1 = \(data1)")
11
12    let data2 = sum(1, 2, 3)
13    println("data2 = \(data2)")
```

输出结果

```
data1 = 15
data2 = 6
```

程序在参数的类型后面加上"…",表示其个数是未定的,完全由调用时的参数个数而定,如"let data1 = sum(1, 2, 3, 4, 5)"表示调用 sum 函数时,所给予的参数个数是 5 个。而"let data2 = sum(1, 2, 3)"则表示有 3 个参数。

7.2.4　参数的类型

参数类型可分为常量(constant)、变量(variable)与输入-输出(in-out)等。前面所谈的参数类型都为常量类型,顾名思义,即参数在函数内不可以更改,而变量类型的参数则可以在函数内加以更改,变量的参数只要在参数前加上 var 关键字即可,例如以下范例程序所示。

范例程序

```
01    //parameter type
02    //variable parameter
03    func left(var str: String, count: Int, repChar: Character) -> String {
04        let amountReplaced = count - countElements(str)
05        for _ in 1 ... amountReplaced {
06            str = str + String(repChar)
07        }
08        return str
09    }
10
11    let originalString = "Swift"
12    let repString = left(originalString, 12, "*")
```

```
13    println(originalString)
14    println(repString)
```

📖 **输出结果**

```
Swift
Swift*******
```

因为参数 str 前加上 var，所以 str 参数是变量的参数，表示它可以加以更改。而其他的两个，如 count 与 repChar 都为常量参数，它们是不可以更改的。我们将原来的字符串 Swift，经过计算后向左靠齐。其中 countElements 函数是系统给定的，用来计算字符串的长度。将 count 减去 countElements(str)后的值赋予 amountReplaced 变量。接着使用 for 循环输出加上 repChar 的字符串。

因为 Swift 字符串的长度为 5，现将 count 设为 12，所以有 7 个 "*" 要加在 Swift 字符串的右边。用户是否发现这可用来满足 C 或 Objective-C 在输出时的字段宽度调节呢？请灵活加以利用。

变量类型的参数仅能在函数内改变，其有效范围也是仅限于函数内而已。若要使函数的参数可以更改，也要使这些参数值在函数调用后还继续存在的话，就必须使用 inout 类型的参数。我们通过两数对调的范例进行解释，程序如下所示。

👆 **范例程序**

```
01    func swapping(var aa: Int, var bb: Int) {
02        let temp = aa
03        aa = bb
04        bb = temp
05    }
06
07    var a = 100
08    var b = 200
09    println("Before swapping: a = \(a), b = \(b)")
10    swapping(a, b)
11    println("After swappin`: a = \(a), b = \(b)")
```

📖 **输出结果**

```
Before swapping: a = 100, b = 200
After swapping: a = 100, b = 200
```

从结果得知，a 与 b 根本没有对调，而对调的是 aa 与 bb，这要如何解决呢？此时必须使用输入-输出（in-out）的参数才有办法将两数对调，因此必须在参数前加上

inout 关键字，程序如下所示：

📄 范例程序

```
01  //inout parameter
02  func swap(inout a: Int, inout b: Int) {
03      let temp = a
04      a = b
05      b = temp
06  }
07
08  var num1 = 100, num2 = 200
09  println("Before swapped num1 = \(num1), num2 = \(num2)")
10
11  swap(&num1, &num2)
12  println("After swapped num1 = \(num1), num2 = \(num2)")
```

📄 输出结果

```
Before swapped num1 = 100, num2 = 200
After swapped num1 = 200, num2 = 100
```

其中 swap 函数的参数都为输入-输出类型。在调用函数时，必须在实际参数前（num1 与 num2）加上 "&"，这类似于 C、C++以及 Objective-C 的指针类型，属于传址的调用。

注意，输入-输出参数没有默认值，也不可以用于可变参数，同时输入-输出的参数不可以用于 var 或 let。

7.3 函数类型

函数的类型有许多种，例如无参数也无返回值的类型，如下范例程序所示：

```
//function type
 //无参数也无返回值
func printSwift() -> () {
    println("Hello, Swift")
}
printSwift()
```

其中 "-> ()" 可以省略，如下所示：

```
//function type
 //无参数也无返回值
func printSwift() {
```

```
    println("Hello, Swift")
  }
printSwift()
```

上述两个程序的输出结果都为如下形式：

```
Hello, Swift
```

当有参数和返回值时，就必须加以写出，例如以下程序接收一个整数参数，然后返回它是偶数或是奇数，范例程序如下所示。

📋 **范例程序**

```
01  //有一参数且有返回值
02  func evenOrOdd(num: Int) -> Bool {
03      if num % 2 == 0 {
04          return true
05      } else {
06          return false
07      }
08  }
09
10  let data = 100
11  let number = evenOrOdd(data)
12  if number {
13      println("\(data) is Even")
14  } else {
15      println("\(data) is Odd")
16  }
17
18  let data2 = 101
19  let number2 = evenOrOdd(data2)
20  if number2 {
21      println("\(data2) is Even")
22  } else {
23      println("\(data2) is Odd")
24  }
```

evenOrOdd 函数的类型为"(Int) -> Bool"。

📋 **输出结果**

```
100 is Even
101 is Odd
```

若要编写一个接收两个整数，然后计算其平均值的函数，则其程序如下所示：

范例程序

```
01   func mean(data1: Int, data2: Int) -> Double {
02       return Double(data1+data2) / 2
03   }
04   let output = mean(8, 7)
05   println("result = \(output)")
```

其中 mean 函数的类型为"(Int, Int) -> Double"。

输出结果

```
result = 7.5
```

7.3.1 函数类型作为变量的类型

可以将变量的类型声明为函数的类型，即表示变量将引用到某一个函数，例如以下语句所示：

```
var mathFunction: (Int, Int) -> Double = mean
```

承接上一节的程序，表示有一个变量 mathFunction，其类型为函数的类型，"(Int, Int) -> Double"表示有两个整数类型的参数，其返回值的类型为 Double，而且 mathFunction 变量引用到 mean 函数。

因此，以下语句"println("result: \(mathFunction(5, 6))")"将输出"result: 5.5"，也可以声明一个变量为(Int) -> Bool，用来判断某一个数是偶数或是奇数，并且将 evenYesOrNo 变量引用到 evenOrOdd 函数，如下所示：

```
var evenYesOrNo: (Int) -> Bool = evenOrOdd
if evenYesOrNo(5) {
    println("5 is Even")
} else {
    println("5 is Odd")
}
```

输出结果

```
5 is Odd
```

输出结果显示 5 是奇数。从以上两个范例程序可知，变量类型若为函数类型，表示可以通过变量来调用某一个引用到的函数，这应该是不错的做法。

7.3.2 函数类型作为参数的类型

除了可将函数类型当成变量的类型以外，也可以将函数类型当成是函数的参数类型，从而扩展函数类型的功能。

```
func printMean(meanFunction: (Int, Int) -> Double, a: Int, b: Int) {
    println("(\(a) + \(b)) / 2 is \(meanFunction(a, b))")
}
printMean(mean,  8, 7)
```

上一个函数 printMean 有三个参数：第一个参数为 meanFunction，其类型为函数类型，此函数表示接收两个整数(Int, Int)，返回值类型为 Double。第二个与第三个参数分别为 a 和 b，其类型为 Int 类型。

最后一个语句表示将 mean 函数发送给 meanFunction，因为第一个参数的类型是属于函数的类型，此程序将 mean 函数当成第一个参数传给 meanFunction，并将 8 与 7 分别传给 a 与 b。

📋 输出结果

```
(8 + 7) / 2 is 7.5
```

7.3.3 函数类型作为返回值的类型

函数类型当成返回值类型，示例代码如下：

```
func incremental(input: Int) -> Int {
    return input + 1
}
func decremental(input: Int) -> Int {
    return input - 1
}
```

上述代码定义了两个函数，分别为 incremental 和 decremental，而且函数的类型都为 "(Int) -> Int"。

接下来，编写一个函数 chooseFunction，它有一个参数 increment，用来判断要调用 incremental 或是 decremental 函数，代码如下所示：

```
func chooseFunction(increment: Bool) -> (Int)-> Int {
    if increment {
        return incremental
    } else {
        return decremental
    }
}
```

最后编写一个程序进行测试。

 范例程序

```
01   var number = 6
02   let moveToZero = chooseFunction(number < 0)
03   while number != 0 {
04       print("\(number) ")
05       number = moveToZero(number)
06   }
07   println(0)
08   println("end")
```

输出结果

```
6 5 4 3 2 1 0
end
```

上述代码在一开始就声明与设置 number 为 6，并且将 chooseFunction 函数所返回的函数赋予 moveToZero 常量，若是真，则返回 incremental 函数，反之，返回 decremental 函数。由于此时的 number 大于 0，所以会将 decremental 函数赋予 moveToZero。接下来利用 while 循环判断 number 是否不为 0。若是，则继续将 number 值传给 decremental 函数进行运算。反之，则结束 while 循环。

7.4 嵌套函数

我们可将上述函数类型当成返回值类型的范例程序，改用嵌套函数表示。若一个函数内又包含其他函数，则称此函数为嵌套函数（nested function），程序如下所示。

范例程序

```
01   //nested function
02   func chooseFunction(increment: Bool) -> (Int)-> Int {
03       func incremental(input: Int) -> Int {
04           return input + 1
05       }
06
07       func decremental(input: Int) -> Int {
08           return input - 1
09       }
```

```
10
11        if increment {
12            return incremental
13        } else {
14            return decremental
15        }
16    }
```

将 incremental 和 decremental 函数置于 chooseFunction 函数内，此称为嵌套函数。chooseFunction 函数内判断 increment 是否为真，若为真，则调用 incremental 函数，否则调用 decremental 函数。接下来以 number 为 6 为例进行测试。

```
var number = 6
let moveToZero = chooseFunction(number < 0)
while number != 0 {
    print("\(number) ")
    number = moveToZero(number)
}
println(0)
println("end")
```

因为 number 为 6，所以 number <0 为假，将调用 decremental 函数，而 decremental 函数每次自减 1。最后的输出结果和上一个范例程序是一样的。

若将上一个程序的"var number = 6"改为"var number = -8"，因为 number 为 –8，所以 number <0 为真，将调用 incremental 函数，而 incremental 函数每次自增 1，最后的输出结果如下：

```
-8 -7 -6 -5 -4 -3 -2 -1 0
end
```

7.5 局部与全局变量

定义在函数内部的变量称为局部变量（local variable），而定义在函数外面的变量称之为全局变量（global variable）。函数会使用本身定义的局部变量，若找不到，才会使用全局变量。当然，若使用的变量没有局部变量，也没有全局变量，此时将产生一个错误信息，告诉你此变量未加以定义。全局变量在其定义以下的函数都可以使用，当然定义在全局变量上面的函数就无法使用了。

📑 范例程序

```
01    // global or local variable
02    var i = 100
```

```
03   func globalOrLocal(){
04       var i = 200
05       println("local i = \(i)")
06   }
07
08   globalOrLocal()
09   println("global i = \(i)")
```

📋 **输出结果**

```
local i = 200
global i = 100
```

有一个全局变量 i 为 100，其势力范围触及 globalOrLocal 函数。由于在 globalOrLocal 函数中定义了局部变量，所以将使用局部变量 i，而 println 函数的 i，则使用全局变量。

当我们将 globalOrLocal 函数中的变量 i 去掉时，程序代码如下所示：

📋 **范例程序**

```
01   var i = 100
02   func globalOrLocal(){
03       println("i = \(i)")
04   }
05
06   globalOrLocal()
07   println("global i = \(i)")
```

📋 **输出结果**

```
i = 100
global i = 100
```

此时程序的 globalOrLocal 函数将会使用全局变量 i。当然，若将全局变量也删除，则会产生错误的信息。

习　题

1. 试制作如下所示的九九乘法表。

```
***************************************************************
1*1= 1 2*1= 2 3*1= 3 4*1= 4 5*1= 5 6*1= 6 7*1= 7 8*1= 8 9*1= 9
1*2= 2 2*2= 4 3*2= 6 4*2= 8 5*2=10 6*2=12 7*2=14 8*2=16 9*2=18
```

119

```
1*3= 3 2*3= 6 3*3= 9 4*3=12 5*3=15 6*3=18 7*3=21 8*3=24 9*3=27
1*4= 4 2*4= 8 3*4=12 4*4=16 5*4=20 6*4=24 7*4=28 8*4=32 9*4=36
1*5= 5 2*5=10 3*5=15 4*5=20 5*5=25 6*5=30 7*5=35 8*5=40 9*5=45
1*6= 6 2*6=12 3*6=18 4*6=24 5*6=30 6*6=36 7*6=42 8*6=48 9*6=54
1*7= 7 2*7=14 3*7=21 4*7=28 5*7=35 6*7=42 7*7=49 8*7=56 9*7=63
1*8= 8 2*8=16 3*8=24 4*8=32 5*8=40 6*8=48 7*8=56 8*8=64 9*8=72
1*9= 9 2*9=18 3*9=27 4*9=36 5*9=45 6*9=54 7*9=63 8*9=72 9*9=81
****************************************************************
```

2. 试制作另一个九九乘法表。

```
****************************************************************
1*1= 1 1*2= 2 1*3= 3 1*4= 4 1*5= 5 1*6= 6 1*7= 7 1*8= 8 1*9= 9
2*1= 2 2*2= 4 2*3= 6 2*4= 8 2*5=10 2*6=12 2*7=14 2*8=16 2*9=18
3*1= 3 3*2= 6 3*3= 9 3*4=12 3*5=15 3*6=18 3*7=21 3*8=24 3*9=27
4*1= 4 4*2= 8 4*3=12 4*4=16 4*5=20 4*6=24 4*7=28 4*8=32 4*9=36
5*1= 5 5*2=10 5*3=15 5*4=20 5*5=25 5*6=30 5*7=35 5*8=40 5*9=45
6*1= 6 6*2=12 6*3=18 6*4=24 6*5=30 6*6=36 6*7=42 6*8=48 6*9=54
7*1= 7 7*2=14 7*3=21 7*4=28 7*5=35 7*6=42 7*7=49 7*8=56 7*9=63
8*1= 8 8*2=16 8*3=24 8*4=32 8*5=40 8*6=48 8*7=56 8*8=64 8*9=72
9*1= 9 9*2=18 9*3=27 9*4=36 9*5=45 9*6=54 9*7=63 9*8=72 9*9=81
****************************************************************
```

3. 以下是调试题，请发挥你的智慧将程序中的错误加以排除。

（a）

```swift
func swap(inout a: Int, inout b:Int) {
    let temp = a
    a = b
    b = temp
}

var num1 = 100, num2 = 200
println("Before swapped num1 = \(num1), num2 = \(num2)")

swap(num1, num2)
println("After swapped num1 = \(num1), num2 = \(num2)")
```

（b）

```swift
func sumAndDefaultValue(n1: Int, n2: Int = 100) -> Int {
    var total = 0

    for var i=n1; i<=n2; i++ {
        total += i
    }
    return total
```

```
}

let calculateDefaultValue = sumAndDefaultValue(1, 10)
println(calculateDefaultValue)

let calculateDefaultValue2 = sumAndDefaultValue(1)
println(calculateDefaultValue2)
```

（c）

```
func sum(from n1: Int, to n2: Int) -> Int {
    var total = 0

    for var i=n1; i<=n2; i++ {
        total += i
    }
    return total
}
let calculate2 = sum(n1: 1, n2: 100)
println(calculate2)
```

（d）

```
func sum(number: Int) {
    var total = 0
    for var i = 1; i <= number; i++ {
        total += i
    }
    return total
}
let i = 100
let tot = sum(i)
println("1+2+...+\(i) = \(tot)")
```

（e）

```
func sumAndMean() -> (Int, Double) {
    let data = [1, 2, 3, 4, 5, 6, 7, 8 ,9, 10]
    var sum = 0, mean = 0
    for i in data {
        sum += i
    }
    mean = (sum) / (data.count)
    return (sum, mean)
}

let counter = sumAndMean()
println("sum=\(counter.sum), mean=\(counter.mean)")
```

第 8 章
闭包

闭包（closure）是独立（self-contained）功能的代码块，用来完成某项任务。Swift 的闭包与其他程序语言类似，如 C 语言的代码块（block），Objective-C 的 Lambda 等。

全局函数与嵌套函数是闭包的特殊案例。闭包可采用以下三种格式，分别是全局函数、嵌套函数以及闭包表达式来表示。以下将以闭包表达式为例加以探讨。

8.1 闭包表达式

Swift 的闭包表达式（closure expression）是一种清楚又简洁的格式，其语法如下：

```
{ (parameters) -> return type in
    statements
}
```

闭包表达式的语法可以使用常量参数、变量参数以及输入-输出（in-out）参数，但无法使用默认值，我们以范例加以说明。

假设要将一个数组的数据从小到大排列，一般的编写方式如下。

📑 范例程序

```
01  let numbers = [10, 8, 20, 7, 56, 3, 2, 1, 99]
02  func ascending(a: Int, b: Int) -> Bool {
03      return  a < b
04  }
05  var finished = sorted(numbers, ascending)
06  for i in finished {
07      print("\(i) ")
08  }
09  println()
```

输出结果

```
排序前数据：
10 8 20 7 56 3 2 1 99
排序后数据：
1 2 3 7 8 10 20 56 99
```

其中 ascending 是一个函数，用于接收两个 Int 的参数，而且返回值为 Bool。当参数 a 小于参数 b 时，返回真。这表示第一个数字小于第二个数字，所以是从小到大排序。之后执行下一语句：

```
var finished = sorted(numbers, ascending)
```

即程序调用系统提供的 sorted 函数，此函数有两个参数：第一个参数是一个数组名，第二个参数是一个函数，用以判断是从小到大，或是从大到小的排序。最后排序的结果赋予 finished 数组变量。

现将上述的写法以闭包表达式的方式编写，其程序如下所示。

范例程序

```
01  //closure
02  let numbers = [10, 8, 20, 7, 56, 3, 2, 1, 99]
03
04  var finished = sorted(numbers, {(a: Int, b: Int) -> Bool in return a < b})
05  for i in finished {
06      print("\(i) ")
07  }
08  println()
```

输出结果同上，其中的 sorted 函数写法如下：

```
sorted(numbers, {(a: Int, b: Int) -> Bool in return a < b})
```

此语句将 ascending 函数以闭包表达式取代。

闭包表达式的类型有：推导类型格式、明确地从单一表达式的闭包返回、速记自变量名以及运算符函数等 4 种方式，我们将以范例逐一解释。

8.1.1　推导类型格式

其实 ascending 函数的类型为"(Int, Int) ->Bool"，所以由此可使用推导类型（infer type）表示闭包表达式。可将 sorted 函数内的闭包表达式：

```
{(a: Int, b: Int) -> Bool in return a < b}
```

简化为：

```
{a, b in return a < b}
```

完整的程序如下所示。

📱 范例程序

```
01   //Inferred type from closure
02   let numbers = [10, 8, 20, 7, 56, 3, 2, 1, 99]
03
04   var finished = sorted(numbers, {a, b in return a < b })
05
06   println("排序前数据: ")
07   for i in numbers {
08       print("\(i) ")
09   }
10   println()
11
12   println("排序后数据: ")
13   for i in finished {
14       print("\(i) ")
15   }
16   println()
```

输出结果同上。

8.1.2 明确地从单一表达式的闭包返回

我们也可以从单一表达式的闭包返回来表示闭包表达式。上一范例的闭包表达式可以用下式表示。

```
{a, b in a < b }
```

完整程序如下所示：

📱 范例程序

```
01   //Implicit returns from single expression closure
02   let numbers = [10, 8, 20, 7, 56, 3, 2, 1, 99]
03
04   var finished = sorted(numbers, {a, b in a < b })
05
06   println("排序前数据: ")
07   for i in numbers {
08       print("\(i) ")
```

```
09 |     }
10 | println()
11 |
12 | println("排序后数据: ")
13 | for i in finished {
14 |     print("\(i) ")
15 | }
16 | println()
```

输出结果同上，和推导类型的差异是将 return 省略了。

8.1.3 速记自变量名

若要再简单一点的话，可以利用速记自变量名来表示，以上一范例程序来说，其闭包表达式可以用如下语句表示：

```
{$0 < $1})
```

看起来有没有更简单了？其完整的程序如下所示。

范例程序

```
01 | //shorthand argument names
02 | let numbers = [10, 8, 20, 7, 56, 3, 2, 1, 99]
03 |
04 | var finished = sorted(numbers, {$0 < $1})
05 |
06 | println("排序前数据: ")
07 | for i in numbers {
08 |     print("\(i) ")
09 | }
10 | println()
11 |
12 | println("排序后数据: ")
13 | for i in finished {
14 |     print("\(i) ")
15 | }
16 | println()
```

输出结果同上。"$0 < $1"这样的表示，是否感觉它是两个参数的比较而已呢？很简单吧！

8.1.4 运算符函数

最后的闭包表达式是运算符函数，它是最简单的表达式，以上一范例来说，只要以运算符 "<" 来表示即可，程序如下所示。

范例程序

```
01    //operator function
02    let numbers = [10, 8, 20, 7, 56, 3, 2, 1, 99]
03
04    var finished = sorted(numbers, <)
05
06    println("排序前数据: ")
07    for i in numbers {
08        print("\(i) ")
09    }
10    println()
11
12    println("排序后数据: ")
13    for i in finished {
14        print("\(i) ")
15    }
16    println()
```

输出结果同上。程序中只以 "<" 表示，则表示前者小于后者，若要从大到小，则以 ">" 表示，表示前者大于后者。

8.2 尾随闭包

上一节我们讨论了有关闭包表达式的方式，其实还有一种方式是当闭包表达式太长时，则可使用尾随闭包（tailing closure）。我们若将第一个范例程序中的闭包表达式 "var finished = sorted(numbers, {(a: Int, b: Int) -> Bool in return a < b})" 改为尾随闭包表示的话，则程序如下所示：

```
var finished = sorted(numbers) {
    (a: Int, b: Int) -> Bool in return a < b }
```

可以看出闭包表达式脱离 sorted 函数的参数表示法，而是将闭包表达式紧接在其后面。

完整的程序如下所示。

📝 范例程序

```
01    //trailing closure
02    let numbers = [10, 8, 20, 7, 56, 3, 2, 1, 99]
03
04    var finished = sorted(numbers) {(a: Int, b: Int) -> Bool in return a < b}
05
06    println("排序前数据: ")
07    for i in numbers {
08        print("\(i) ")
09    }
10    println()
11
12    println("排序后数据: ")
13    for i in finished {
14        print("\(i) ")
15    }
16    println()
```

也可以将它以速记自变量名来表示，则代码如下。

📝 范例程序

```
01    //trailing closure
02    let numbers = [10, 8, 20, 7, 56, 3, 2, 1, 99]
03
04    var finished = sorted(numbers) {$0 < $1}
05
06    println("排序前数据: ")
07    for i in numbers {
08        print("\(i) ")
09    }
10    println()
11
12    println("排序后数据: ")
13    for i in finished {
14        print("\(i) ")
15    }
16    println()
```

输出结果同上。

8.3 获取值

闭包可以存取附近的常量和变量，因此闭包可以参考和修改函数主体中的变量与常量值。

嵌套函数（nested function）表示函数内部又有一个函数，此为闭包的一种表示方式。嵌套函数可以获取（capture）任何位于外部函数的参数，而且可以获取定义于外部函数的任何常量与变量。虽然全局函数也是闭包的一种，但它不可以获取任何值。

下一范例程序用于定义 calculateSquare 函数，此函数的类型是返回 Int 的类型函数。calculateSquare 函数又包含 answer 函数。嵌套的 answer 函数用于获取两个值，分别是 n 与 square。获取这些值后，calculateSquare 函数返回 answer 函数，将此函数当成闭包，而此闭包是将 square 乘以 n 后，再赋值给 square，最后将 square 返回，所以是返回 answer，其实就是将 square 乘以 n。

范例程序

```
01  //capturing values
02  func calculateSquare(forNumber n: Int) -> () -> Int {
03      var square = 1
04      func answer() -> Int {
05          square = square * n
06          return square
07      }
08      return answer
09  }
10
11  let squareByFive = calculateSquare(forNumber: 5)
12  println(squareByFive())
13  println(squareByFive())
14  println(squareByFive())
15  println(squareByFive())
```

输出结果

```
5
25
125
625
```

calculateSquare 函数的返回类型是"() -> Int",表示它将返回一个函数,此返回函数没有参数,而且每一次调用时都会返回 Int 值。calculateSquare 函数定义整数变量 square,用来存储目前 answer 函数的返回值,其初始值为 1。第一次调用 squareByFive()函数的结果是 5。第二次调用 squareByFive()函数的结果是 25,因为此时的 square 值是 5,所以 5*5 是 25。第三次调用 squareByFive()函数的结果是 125,因为此时的 square 值是 25,所以 25*5 是 125。依次类推,第四次调用 squareByFive()函数的结果是 625。注意,这完全是因为 square 对 answer()函数而言是全局变量的关系,若将其移到 answer()函数内,则结果将会不一样。

8.4 闭包是引用类型

闭包属于引用类型(reference type),接上节的范例程序,将 squareByFive 赋予 alsosquareByFive,然后调用 alsosquareByFive()将得到 3125。因为接上题的缘故,所以得到的结果是 625*5。

范例程序

```
01    //closure as reference type
02    letalsosquareByFive = squareByFive
03    println(alsosquareByFive())
```

输出结果

```
3125
```

习 题

1. 请问下列程序的输出结果。

(a)

```
func makeDecrementor(forDecrement amount: Int) -> () -> Int {
    var total = 100
    func Decrementor() -> Int {
        total -= amount
        return total
    }
    return Decrementor
}

let DecrementByTen = makeDecrementor(forDecrement: 10)
```

```
println(DecrementByTen())
println(DecrementByTen())
println(DecrementByTen())

let DecrementByEight = makeDecrementor(forDecrement: 8)
println(DecrementByEight())
println(DecrementByEight())
```

（b）

```
//trailing closure
let numbers = [10, 8, 20, 7, 56, 3, 2, 1, 99]

var finished = sorted(numbers) {$0 > $1}

println("排序前数据：")
for i in numbers {
    print("\(i) ")
}
println()

println("排序后数据：")
for i in finished {
    print("\(i) ")
}
println()
```

2. 请将以下的程序加以调试。

（a）

```
let numbers = [10, 8, 20, 7, 56, 3, 2, 1, 99]

var finished = sorted(numbers, ((a: Int, b: Int) -> Bool in return a < b))
for i in finished {
    print("\(i) ")
}
println()
```

（b）

```
let numbers = [10, 8, 20, 7, 56, 3, 2, 1, 99]

var finished = sorted(numbers, {a, b return a < b })

println("排序前数据：")
for i in numbers {
    print("\(i) ")
}
```

```
println()

println("排序后数据：")
for i in finished {
    print("\(i) ")
}
println()
```

（c）

```
let numbers = [10, 8, 20, 7, 56, 3, 2, 1, 99]

var finished = sorted(numbers, {$a < $b})

println("排序前数据：")
for i in numbers {
    print("\(i) ")
}
println()

println("排序后数据：")
for i in finished {
    print("\(i) ")
}
println()
```

（d）

```
let numbers = [10, 8, 20, 7, 56, 3, 2, 1, 99]

var finished = sorted(number) ((a: Int, b: Int) -> Bool in return a < b)
println("排序前数据：")
for i in numbers
    print("\(i) ")
}
println()

println("排序后数据：")
for i in finished {
    print("\(i) ")
}
println()
```

（e）

```
//trailing closure
let numbers = [10, 8, 20, 7, 56, 3, 2, 1, 99]

var finished = sorted(numbers) (0 < $1)
```

```
println("排序前数据: ")
for i in numbers {
    print("\(i) ")
}
println()

println("排序后数据: ")
for i in finished {
    print("\(i) ")
}
println()
```

第9章
类、结构与枚举

类（class）与结构（structure）在 Swift 中可视为一家亲，因为不管是在声明上或是功能上都有很多相似的地方，例如这两种类型都可以有属性和方法。

枚举（enumeration）是一般的类型，它将相关的值集合在一起，以便事后管理。在使用时也比较安全，因为枚举会将使用的值列出来，若使用的不是枚举的值时，系统将会给出错误的信息。本章除了说明有关枚举的语法外，也将探讨如何在 switch 语句中使用枚举值、枚举的关联值以及利用 rawValue 得到枚举的默认值，下面先从枚举的语法开始讲解。

9.1 类与结构的比较

类与结构的相似之处除了上面所说的可以定义属性与方法外，还可以使用索引存取属性值、设置初始状态、扩展默认实现的功能以及遵从某一协议提供的某个形式的标准功能。而其相异之处是：类具有继承（inheritance）功能、可以进行类型的转换，让你在运行期间可以检查类实例的类型，释放（deinitializer）不必要的内存空间，以及处理引用计数（reference count）。

类定义的语法如下：

```
class name {
    //类的定义从此处开始
}
```

而结构的声明语法如下：

```
struct name {
    //结构的定义从此处开始
}
```

若要存取结构与类的属性成员，则需要利用点运算符（.）实现。

以下范例程序是定义一个结构 Point，其属性成员是 x 与 y，初始值分别设置为 10 与 10。接着定义一个 Point 的结构变量 onePoint。一般取类和结构的名称时，第一个字母通常是以大写字母表示。

范例程序

```
01  //class and structure
02  struct Point {
03      var x = 10
04      var y = 10
05  }
06
07  var onePoint = Point()
08  println("onePoint.x = \(onePoint.x)")
09  println("onePoint.y = \(onePoint.y)")
10
11  println("\n 将原点坐标改为(20, 30)")
12  onePoint.x = 20
13  onePoint.y = 30
14  println("onePoint.x = \(onePoint.x)")
15  println("onePoint.y = \(onePoint.y)")
```

输出结果

```
onePoint.x = 10
onePoint.y = 10

将原点坐标改为(20, 30)
onePoint.x = 20
onePoint.y = 30
```

接着将 onePoint 属性成员以 onePoint.x 与 onePoint.y 输出，利用指定的方式将其 x 与 y 成员分别改为 20 与 30。还可以在定义结构的属性时只告知其类型，并没有给予初始值，代码如下所示：

```
struct Point {
    var x: Int
    var y: Int
}

var onePoint = Point(x: 10, y: 10)
println("onePoint.x = \(onePoint.x)")
println("onePoint.y = \(onePoint.y)")
```

```
println("\n 将原点坐标改为(20, 30)")
onePoint.x = 20
onePoint.y = 30
println("onePoint.x = \(onePoint.x)")
println("onePoint.y = \(onePoint.y)")
```

此时利用语句"var onePoint = Point(x: 10, y: 10)"定义一个变量及设置初始值。其余的代码与上一程序相同。下一范例程序是定义 Rectangle 类，其中以 class 为其关键字。

范例程序

```
01  class Rectangle {
02      var width = 10
03      var height = 20
04  }
05
06  var oneRectangle = Rectangle()
07  println("oneRectangle.width = \(oneRectangle.width)")
08  println("oneRectangle.height = \(oneRectangle.height)")
09
10  println("\n 将宽与高改为(50, 80)")
11  oneRectangle.width = 50
12  oneRectangle.height = 80
13  println("oneRectangle.width = \(oneRectangle.width)")
14  println("oneRectangle.height = \(oneRectangle.height)")
```

输出结果

```
oneRectangle.width = 10
oneRectangle.height = 20

将宽与高改为(50, 80)
oneRectangle.width = 50
oneRectangle.height = 80
```

9.1.1 值类型

结构与枚举是属于值类型（value typed）的数据。当一个结构或枚举类型赋予另一结构或枚举时，若其中有一个所属的数据改变时，另一个是不会受影响的，因为它们各自占用不同的内存空间，程序如下所示。

范例程序

```
01    //value type
02    struct Point {
03        var x = 0
04        var y = 0
05    }
06
07    var onePoint = Point()
08    var anotherPoint = onePoint
09
10    println("onePoint.x = \(onePoint.x)")
11    println("onePoint.y = \(onePoint.y)")
12    println("anotherPoint.x = \(anotherPoint.x)")
13    println("anotherPoint.y = \(anotherPoint.y)")
14
15    anotherPoint.x = 10
16    anotherPoint.y = 10
17
18    println("\n将原点坐标改为(10, 10)")
19    println("onePoint.x = \(onePoint.x)")
20    println("onePoint.y = \(onePoint.y)")
21    println("anotherPoint.x = \(anotherPoint.x)")
22    println("anotherPoint.y = \(anotherPoint.y)")
```

输出结果

```
onePoint.x = 0
onePoint.y = 0
anotherPoint.x = 0
anotherPoint.y = 0

将原点坐标改为(10, 10)
onePoint.x = 0
onePoint.y = 0
anotherPoint.x = 10
anotherPoint.y = 10
```

程序中的"var anotherPoint = one point"语句将 onePoint 赋予 anotherPoint，此时这两个变量的示意图如图 9-1 所示。

onePoint

x	0
y	0

anotherPoint

x	0
y	0

图 9-1

由于它们是结构的变量，所以 anotherPoint 的 x 与 y 改变时，onePoint 是不受影响的，就好比我们将 anotherPoint 变量的 x 与 y 分别设置为 10 与 10。从输出结果可知，onePoint 变量的 x 与 y 是不受其影响的，如图 9-2 所示。

onePoint

x	0
y	0

anotherPoint

x	10
y	10

图 9-2

9.1.2 引用类型

不同于结构与枚举，类是属于引用类型（reference typed）的数据。当一个类赋值给另一类时，若其中有一所属的数据改变，另一个也会受影响的，因为它们参考同一个类，程序如下所示。

范例程序

```
01   //reference type
02   class Rectangle {
03       var width = 0.0
04       var height = 0.0
05   }
06
07   var oneRectangle = Rectangle()
08   var anotherRectangle = oneRectangle
09
10   println("oneRectangle.width = \(oneRectangle.width)")
11   println("oneRectangle.height = \(oneRectangle.height)")
12   println("anotherRectangle.width = \(anotherRectangle.width)")
13   println("anotherRectangle.height = \(anotherRectangle.height)")
```

```
14
15   anotherRectangle.width = 50
16   anotherRectangle.height = 80
17   println("\n将宽与高改为(50, 80)")
18   println("oneRectangle.width = \(oneRectangle.width)")
19   println("oneRectangle.height = \(oneRectangle.height)")
20   println("anotherRectangle.width = \(anotherRectangle.width)")
21   println("anotherRectangle.height = \(anotherRectangle.height)")
```

📖 输出结果

```
oneRectangle.width = 0.0
oneRectangle.height = 0.0
anotherRectangle.width = 0.0
anotherRectangle.height = 0.0

将宽与高改为(50, 80)
oneRectangle.width = 50.0
oneRectangle.height = 80.0
anotherRectangle.width = 50.0
anotherRectangle.height = 80.0
```

程序中的"var anotherRectangle = oneRectangle"语句将 oneRectangle 赋值给 anotherRectangle，此时的示意图如图 9-3 所示。

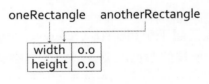

图 9-3

由于它是类的变量，所以 anotherRectangle 的 width 与 height 分别改变为 50 与 80 时，从输出结果可知，oneRectangle 也是会受影响的，其示意图如图 9-4 所示。

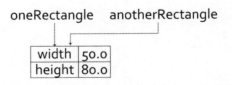

图 9-4

这就是引用类型，它们共享内存。当一方改变时，另一方也自然改变了。上一个范例是以 anotherRectangle 来改变 width 与 height。你还可以用 oneRectangle 来改变 width 与 height，其情况是一样的。

9.1.3　"==="与"!=="运算符

因为类是引用类型，所以有可能多个常量或变量引用到相同的类对象。这里我们将介绍两个判断变量或是常量是否引用相同类的运算符，分别是等于运算符（===）与不等于运算符（!==）。我们以一个范例程序加以说明。

范例程序

```
01  // === and !== operator
02  class Rectangle {
03      var width = 10
04      var height = 20
05  }
06
07  var oneRectangle = Rectangle()
08  println("oneRectangle.width = \(oneRectangle.width)")
09  println("oneRectangle.height = \(oneRectangle.height)")
10
11
12  var anotherRectangle = Rectangle()
13  anotherRectangle.width = 50
14  anotherRectangle.height = 80
15  println("anotherRectangle.width = \(anotherRectangle.width)")
16  println("anotherRectangle.height = \(anotherRectangle.height)")
17
18  if oneRectangle === anotherRectangle {
19      println("the same")
20  } else {
21      println("not the same")
22  }
23  //-----------------------------------
24  println()
25  anotherRectangle = oneRectangle
26
27  anotherRectangle.width = 20
28  anotherRectangle.height = 10
29  println("oneRectangle.width = \(oneRectangle.width)")
30  println("oneRectangle.height = \(oneRectangle.height)")
31  println("anotherRectangle.width = \(anotherRectangle.width)")
32  println("anotherRectangle.height = \(anotherRectangle.height)")
33
34  if oneRectangle === anotherRectangle {
```

```
35        println("the same")
36    } else {
37        println("not the same")
38    }
```

📑 输出结果

```
oneRectangle.width = 10
oneRectangle.height = 20
anotherRectangle.width = 50
anotherRectangle.height = 80
not the same

oneRectangle.width = 20
oneRectangle.height = 10
anotherRectangle.width = 20
anotherRectangle.height = 10
the same
```

程序在一开始有 oneRectangle 与 anotherRectangle 两个变量，分别存储到不同的内存空间，如图 9-5 所示。

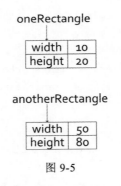

图 9-5

所以使用 "===" 运算符进行判断时，输出的结果是 not the same。接下来的语句 "varanotherRectangle = oneRectangle" 使得 anotherRectangle 和 oneRectangle 引用相同的类 Rectangle，如图 9-6 所示。

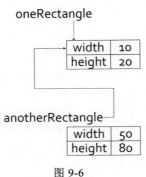

图 9-6

此时不管以哪个变量修改类中的属性成员，另一个变量都将受到影响，因为这两个变量指向同一位置。正如上例将 anotherRectangle 对象的 width 与 height 成员值改变为 20 和 10，再将 oneRectangle 对象的 width 和 height 成员值输出，也会得到 20 和 10，如图 9-7 所示。

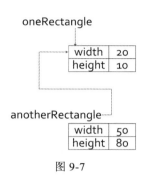

图 9-7

9.2　枚举的语法

枚举的语法是以 enum 为开头，之后以左、右大括号括起枚举值，并在枚举值的名称前加上 case 即可完成，例如以下代码声明一个枚举类型，名称为 people，其枚举值分别为 freshman、sophomore、junior 以及 senior。

```
enum people {
    case freshman
    case sophomore
    case junior
    case senior
}
```

为了简便起见，可以将每一个枚举值前的 case 省略，仅保留第一个 case 即可，再将枚举值之间以逗号隔开，代码如下所示：

```
enum people {
    case freshman, sophomore, junior, senior
}
```

接着就可以定义一个属于此枚举的变量，代码如下所示：

```
var mary = people.freshman
```

上述代码表示 mary 是 people 枚举中的 freshman 成员。

由于 mary 是 var 变量的名称，所以也可以改变 mary 值，例如明年她将是大二学生，因此：

```
mary = people.sophomore
```

这表示 **mary** 为枚举的 **sophomore** 成员。

9.2.1 在 switch 语句中使用枚举值

定义一个属于此枚举的变量之后，可使用 switch 语句加以判断，代码如下所示。

范例程序

```
01   enum people {
02       case freshman, sophomore, junior, senior
03   }
04
05   let status = people.junior
06   switch status {
07       case .freshman:
08           println("你是大一学生")
09       case .sophomore:
10           println("你是大二学生")
11       case .junior:
12           println("你是大三学生")
13       case .senior:
14           println("你是大四学生")
15   }
```

输出结果

你是大三学生

程序中没有"default:"语句，因为枚举值全部以 case 语句表示了。假设存在枚举值未出现在 case 语句中的情况，则代码如下所示。

范例程序

```
01   enum people {
02       case freshman, sophomore, junior, senior
03   }
04
05   let status = people.junior
06   switch status {
07       case .freshman:
08           println("你是大一学生")
```

```
09      case .sophomore:
10          println("你是大二学生")
11      case .junior:
12          println("你是大三学生")
13      default:
14          println("你是大四学生")
15  }
```

输出结果同上。此程序因为没有 senior 的 case 语句，所以"default:"的语句是很重要的。若将"default:"语句省略将会产生错误的信息。因为它要符合 switch… case 详尽无余（exhaustive）的状况。还有一点需要注意的是，此范例的每一个 case 后面的值是以点运算符为开头的，如".freshman"等。

9.2.2 关联值

在枚举值中我们可以给予其关联值（associated value），程序如下所示。

范例程序

```
01  //associated value
02  enum mobile {
03      case iOS(String)
04      case Android(String, String)
05      case Windows(String)
06  }
07
08  var myMobile = mobile.iOS("iPhone")
09
10  switch myMobile {
11      case .iOS(let mobile1):
12          println("使用 iOS 系统，你可以选择：\(mobile1)")
13      case .Android(let mobile3, let mobile4):
14          println("使用 Android 系统，你可以选择：\(mobile3) 或 \(mobile4) 或其他")
15      case .Windows(let mobile6):
16          println("使用 Windows Phone，你可以选择：\(mobile6)")
17  }
```

输出结果

使用 iOS 系统,你可以选择：iPhone

其中：

```
enum mobile {
    case iOS(Sring)
    case Android(String, String)
    case Windows(String)
}
```

与之前声明不同的是，上述代码在枚举值后面接了小括号与关联值的类型，枚举值 iOS 与 Windows 后接一个关联值类型，而枚举值 Android 后接两个关联值类型。这些类型都是 String。当然，这些关联值类型也可以是 Int、Double 及其他，这些类型是依据需求而给定的。

接着在每一个 case 中，除了枚举值之外，也要将其所对应的关联值列出，并且加上 let，如 iOS 枚举值与其关联值如下：

```
case .iOS(let mobile1):
```

而 Android 枚举值与其关联值如下：

```
case .Android(let mobile3, let mobile4):
```

因为它有两个关联值的关系，其他的 case 依次类推。

另一种写法是将关联内的 let 前移到列举值的前面，这对多个关联值是有好处的，因为不必为一个关联值赋予 let，程序如下所示。

📄 **范例程序**

```
01  enum mobile {
02      case iOS(String)
03      case Android(String, String)
04      case Windows(String)
05  }
06
07  var yourMobile = mobile.Android("hTC", "Samsung")
08
09  switch yourMobile {
10     case let .iOS(mobile1):
11         println("使用 iOS 系统, 你可以选择: \(mobile1)")
12     case let .Android(mobile3, mobile4):
13         println("使用 Android 系统, 你可以选择: \(mobile3)、 \(mobile4) 或其他")
14     case let .Windows(mobile6):
15         println("使用 Windows Phone, 你可以选择: \(mobile6)")
16  }
```

> 使用 Android 系统，你可以选择：hTC、Samsung 或其他

程序先将 yourMobile 设置为 Android 系统，然后利用 switch 判断，并指定适当的关联值给 mobile3 与 mobile4，其关联值分别是"hTC"与 "Samsung"。

9.2.3 rawValue 值

在枚举中提供 rawValue 数值，用来告诉枚举值的原始值（raw value），也就是默认值（default value）。下面以一个程序为例进行说明。

范例程序

```
01   enum people: Int {
02       case freshman=1, sophomore, junior, senior
03   }
04
05   let status = people.senior.rawValue
06   println(status)
```

输出结果

> 4

枚举值的默认值必须在枚举名称后连接类型，此范例是 Int。利用 rawValue 输出 senior 在枚举中的数值，因为 freshman 赋值为 1，依次类推，sophomore 等于 2，junior 等于 3，senior 等于 4，所以 people.senior.rawVlaue 的结果为 4。也可以指定多个默认值，如下所示：

```
enum people: Int {
    case freshman=1, sophomore, junior=11, senior
}
```

由于 junior 的默认值为 11，所以 senior 的默认值将为 12。

除了 rawValue 外，也提供了 rawValue: Int 函数，可借助其从默认值中找出枚举成员。这有可能找不到，也就是可能会返回 nil，所以 rawValue:Int 的类型属于选择性的类型。

范例程序

```
01   enum people: Int {
02       case freshman=1, sophomore, junior, senior
```

```
03 |    }
04 |
05 |    if let yourStatus = people(rawValue: 5) {
06 |        switch yourStatus {
07 |            case .senior:
08 |                println("您是大四学生")
09 |            default:
10 |                println("你是大一或大二或大三学生")
11 |        }
12 |    } else {
13 |        println("你不是大学生")
14 |    }
```

📄 **输出结果**

您不是大学生

因为 people(rawValue: 5)的返回值是 nil，所以程序会执行 else 所对应的语句，如同输出结果所示。

习　题

以下的程序都有错误，能否请聪明的你帮忙查错，以便检测一下你对本章的了解程度。

（a）

```
structure Point {
    var x: 10
    var y: 10
}

var onePoint = Point
println("onePoint.x = \(onePoint.x)")
println("onePoint.y = \(onePoint.y)")

println("\n 将原点坐标改为(20, 30)")
x = 20
y = 30
println("onePoint.x = \(onePoint.x)")
println("onePoint.y = \(onePoint.y)")
```

（b）

```
class Rectangle {
```

```
        var width = 10
        var height = 20
}

let oneRectangle = Rectangle
println("oneRectangle.width = \(oneRectangle.width)")
println("oneRectangle.height = \(oneRectangle.height)")

println("\n 将宽与高改为(50, 80)")
width = 50
height = 80
println("oneRectangle.width = \(oneRectangle.width)")
println("oneRectangle.height = \(oneRectangle.height)")
```

（c）

```
enum people {
    freshman, sophomore, junior, senior
}

let status = people.junior
switch status {
    case freshman:
        println("你是大一学生")
    case sophomore:
        println("你是大二学生")
    case junior:
        println("你是大三学生")
    default:
        println("你是大四学生")
}
```

（d）

```
enum mobile {
    case iOS(String)
    case Android(String)
    case Windows(String, String)
}

var yourMobile = mobile.Android("hTC", "Samsung")

switch yourMobile {
   case .iOS(mobile1):
       println("使用 iOS 系统, 你可以选择: \(mobile1)")
   case .Android(mobile3, mobile4):
       println("使用 Android 系统, 你可以选择: \(mobile3)、\(mobile4) 或其他")
   case .Windows(mobile6):
       println("使用 Windows Phone, 你可以选择: \(mobile6)")
```

```
    }
```

（e）

```
enum people {
    case freshman=1, sophomore, junior=11, senior
}

let status = people.senior.toraw()
println(status)
```

（f）

```
enum people {
    case freshman=1, sophomore, junior=11, senior
}

if let yourStatus = people.fromRaw(4) {
    switch yourStatus {
        case .senior:
            println("您是大四学生")
        default:
            println("你是大一或大二或大三学生")
    }
} else {
    println("你不是大学生")
}
```

第 10 章
属性与方法

属性（property）是特定类、结构或枚举中的数据变量，相当于其他程序语言如 C++或 Java 的数据成员（data member）。不过，Swift 的属性又可以分为存储型属性与计算属性。本章除了要探讨这两类属性外，还讨论了属性观察者（property observer）及类型属性（type property）。

在类、结构与枚举中，除了可以定义属性外，还可以定义方法（method）。方法又可以分成实例方法（instance method）与类型方法（type method），其实方法是面向对象程序设计的说法，它相当于一般传统程序语言，如 C 语言中的函数，都是用于解决某个问题的有限步骤，有简单识别的方式，可以将类、结构与枚举内的函数称之为方法。

10.1 存储型属性

存储型属性（stored property）将存储常量和变量当成实例的一部分。我们用一个范例来加以解释，代码如下所示。

📱 范例程序

```
01  //store property
02  struct Rectangle {
03      var width = 20
04      var height = 30
05  }
06
07  var oneRectangle = Rectangle()
08  var anotherRectangle = oneRectangle
09
10  println("oneRectangle:")
11  println("Width: \(oneRectangle.width)")
12  println("Height: \(oneRectangle.height)")
```

```
13
14    println("anotherRectangle:")
15    println("Width: \(anotherRectangle.width)")
16    println("Height: \(anotherRectangle.height)")
17
18    println("\n更改 anotherRectangle 的 height 为 60 后:")
19    anotherRectangle.height = 60
20
21    println("oneRectangle:")
22    println("Width: \(oneRectangle.width)")
23    println("Height: \(oneRectangle.height)")
24
25    println("anotherRectangle:")
26    println("Width: \(anotherRectangle.width)")
27    println("Height: \(anotherRectangle.height)")
```

📋 **输出结果**

```
oneRectangle:
Width: 20
Height: 30
anotherRectangle:
Width: 20
Height: 30

更改 anotherRectangle 的 height 为 60 后:
oneRectangle:
Width: 20
Height: 30
anotherRectangle:
Width: 20
Height: 60
```

　　程序中的 width 和 height 称之为结构 Rectangle 的属性变量，其数据类型为 Int。width 与 height 的初值设置分别是 20 与 30。当 " var anotherRectangle = oneRectangle" 执行后，这两个对象分别拥有个别的 width 和 height，如图 10-1 所示。

图 10-1

当一个对象改变某个属性后，另一个对象的属性不会受其影响，例如我们将 anotherRectangle 的 height 改为 60 后，代码如下所示：

```
anotherRectangle.height = 60
```

之后再输出两个对象的 width 与 height，从输出结果得知，oneRectangle 的 height 还是 30，这称为值类型（value type），如图 10-2 所示。

图 10-2

值得注意的是，anotherRectangle 不可以使用 let 声明为常量名，否则会有错误信息产生，因为程序做过修改的操作。

若将上述程序的结构名改用类名表示，则代码如下所示。

范例程序

```
01  //replace struct by class
02  class Rectangle {
03      var width = 20
04      var height = 30
05  }
06
07  var oneRectangle = Rectangle()
08  var anotherRectangle = oneRectangle
09
10  println("oneRectangle:")
11  println("Width: \(oneRectangle.width)")
```

```
12    println("Height: \(oneRectangle.height)")
13
14    println("anotherRectangle:")
15    println("Width: \(anotherRectangle.width)")
16    println("Height: \(anotherRectangle.height)")
17
18    println("\n 更改 anotherRectangle 的 height 为 60 后:")
19    anotherRectangle.height = 60
20
21    println("oneRectangle:")
22    println("Width: \(oneRectangle.width)")
23    println("Height: \(oneRectangle.height)")
24
25    println("anotherRectangle:")
26    println("Width: \(anotherRectangle.width)")
27    println("Height: \(anotherRectangle.height)")
```

输出结果

```
oneRectangle:
Width: 20
Height: 30
anotherRectangle:
Width: 20
Height: 30

更改 anotherRectangle 的 height 为 60 后:
oneRectangle:
Width: 20
Height: 60
anotherRectangle:
Width: 20
Height: 60
```

从输出结果可知，oneRectangle 与 anotherRectangle 这两个对象参考相同的类 Rectangle，即语句"var anotherRectangle = oneRectangle"使得 anotherRectangle 和 oneRectangle 参考相同的类 Rectangle，如图 10-3 所示。

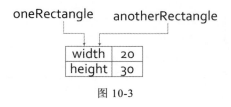

图 10-3

当 anotherRectangle 的 height 改变（如改为 60）后，另一个 oneRectangle 的 height 也跟着改变，此称为引用类型（reference type），如图 10-4 所示。

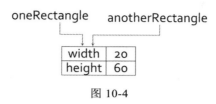

图 10-4

10.2 计算属性

计算属性（computed property）不是真正的存储值，取而代之的是提供用来获取的 getter 和选择性的 setter，用来间接设置某个属性值，范例如下所示。

范例程序

```
01 //computed property
02 struct Point {
03     var x = 0.0, y = 0.0
04 }
05
06 struct Side {
07     var length = 0.0
08 }
09 struct Square {
10     var originPoint = Point()
11     var xandY = Side()
12     var center: Point {
13     get {
14         let centerPointX =  originPoint.x + xandY.length / 2
15         let centerPointY =  originPoint.y + xandY.length / 2
16         return Point(x: centerPointX, y: centerPointY)
17     }
18
19     set(newCenter) {
20         originPoint.x = newCenter.x - xandY.length / 2
21         originPoint.y = newCenter.y - xandY.length / 2
22     }
23     }
24 }
25
26 var Obj = Square(originPoint: Point(x: 0.0, y: 0.0), xandY: Side(length: 10))
27
```

```
28    //call getter
29    println("center x: \(Obj.center.x), y: \(Obj.center.y)")
30
31    //call setter
32    Obj.center = Point(x: 12, y: 12)
33    println("original x: \(Obj.originPoint.x), y: \(Obj.originPoint.y)")
```

📑 输出结果

```
center x: 5.0, y: 5.0
original x: 7.0, y: 7.0
```

此范例程序利用 get 与 set 函数来间接获取属性值与设置属性值：利用 get 函数得到原来的中心点，再利用 set 函数设计新的中心点，之后输出原点。

其中 get 函数如下：

```
get {
    let centerPointX =  originPoint.x + xandY.length / 2
    let centerPointY =  originPoint.y + xandY.length / 2
    return Point(x: centerPointX, y: centerPointY)
}
```

上述代码表示将原点加上正方形长度的一半(0+10/2, 0+10/2)即为中心点，并加以返回，也就是(5, 5)。而 set 函数是接收一个新的中心点 newCenter 为其参数，之后计算新的原点是什么，代码如下所示：

```
set(newCenter) {
    originPoint.x = newCenter.x - xandY.length / 2
    originPoint.y = newCenter.y - xandY.length / 2
}
```

新的原点是由新的中心点减去正方形长度的一半而得，其示意图如图 10-5 所示。

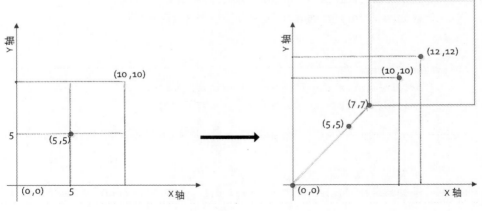

图 10-5

最后利用如下语句调用 get 函数，输出正方形的中心点：

```
//call getter
println("center x: \(Obj.center.x), y: \(Obj.center.y)")
```

利用如下语句调用 set 函数，设置新的中心点，然后计算新的原点，最后将其输出：

```
//call setter
Obj.center = Point(x: 12, y: 12)
println("original x: \(Obj.originPoint.x), y: \(Obj.originPoint.y)")
```

上述代码用以获取新的原点(12−10/2, 12−10/2)，也就是(7, 7)。

10.2.1 setter 声明速记

setter 声明速记（shorthand setter declaration）将程序中 set 的参数 newCenter 改用默认值 newValue，代码如下所示。

📑 **范例程序**

```
01   //computer property
02   struct Point {
03       var x = 0.0, y = 0.0
04   }
05
06   struct Side {
07       var length = 0.0
08   }
09   struct Square {
10       var originPoint = Point()
11       var xandY = Side()
12       var center: Point {
13       get {
14           let centerPointX =  originPoint.x + xandY.length / 2
15           let centerPointY =  originPoint.y + xandY.length / 2
16           return Point(x: centerPointX, y: centerPointY)
17        }
18
19       set {
20           originPoint.x = newValue.x - xandY.length / 2
21           originPoint.y = newValue.y - xandY.length / 2
22        }
23        }
24   }
```

```
25
26    var Obj = Square(originPoint: Point(x: 0.0, y: 0.0), xandY: Side(length: 10))
27
28    //call getter
29    println("center x: \(Obj.center.x), y: \(Obj.center.y)")
30
31    //call setter
32    Obj.center = Point(x: 12, y: 12)
33    println("original x: \(Obj.originPoint.x), y: \(Obj.originPoint.y)")
```

此程序与上一节程序的唯一差别在于：我们使用 setter 的默认值 newValue 取代上一程序的 newCenter，并且将 set 函数的参数省略，直接在 set 函数主体中使用 newValue 即可，此程序的输出结果同上。

10.2.2 只读计算属性

只读计算属性（read-only computed property）表示只有 get 函数而没有 set 函数，范例程序如下所示。

范例程序

```
01    //read-only computed property
02    struct cuboid {
03        var width = 0.0, height = 0.0, depth = 0.0
04        var volume: Double {
05        get{
06            return width * height * depth
07        }
08        }
09    }
10    let oneCuboid = cuboid(width: 2.0, height: 3.0, depth: 4.0)
11    println("Volume is \(oneCuboid.volume)")
```

输出结果

```
Volume is 24.0
```

在上述程序中只有 get 函数，用来计算圆柱体体积，并加以返回，也可以将程序中的 get 关键字省略，如下所示：

```
struct cuboid {
    var width = 0.0, height = 0.0, depth = 0.0
    var volume: Double {
        return width * height * depth
```

```
        }
    }
    let oneCuboid = cuboid(width: 2.0, height: 3.0, depth: 4.0)
    println("Volume is \(oneCuboid.volume)")
```

输出结果同上。

10.3 属性观察者

属性观察者（property observer）用于观察和反映属性值的变化。每一次属性值被设置时将会调用属性观察者，即使新的设置值和目前的值相同。

属性观察者有两个函数：一为 willSet，它在属性值存储之前将被调用；另一个 didSet 函数是新的值存储后加以执行。我们以一个范例进行说明，代码如下所示。

范例程序

```
01  // properties observers
02  class YoursScore {
03
04      var score: Int = 0 {
05
06      willSet(newScore) {
07          println("您的分数是 \(newScore)")
08      }
09
10      didSet {
11          if score > oldValue {
12              println("您进步了 \(score - oldValue) 分")
13          } else {
14              println("您退步了 \(oldValue - score) 分")
15          }
16      }
17      }
18  }
19
20  let yourScore = YoursScore()
21  yourScore.score = 60
22  yourScore.score = 80
23  yourScore.score = 70
```

📋 **输出结果**

```
您的分数是 60
您进步了  60  分
您的分数是  80
您进步了  20  分
您的分数是  70
您退步了  10  分
```

willSet 用于接收一个参数 newScore，然后将其输出，而 didSet 用于判断 score 是否大于默认值 oldValue，分别输出进步几分或是退步几分。

当第一个设置"yourScore.score = 60"执行前先处理 willSet，此时 newScore 是 60，再调用 didSet，由于 oldValue 是 0，所以 if 的判断式为真，因此输出"您进步了 60 分"。

接着"yourScore.score = 80"表示 score 为 80，而 oldValue 是上一次留下来的 60，所以执行 didSet 时，将输出"您进步了 20 分"。

最后"yourScore.score = 70"执行 didSet 时，将输出"您退步了 10 分"，因为此时的 oldValue 为 80，而 score 为 70。

其实程序中的 newScore 也可以用默认值 newValue 取代，此时 willSet 就不必接收参数了，代码如下所示。

📋 **范例程序**

```
01   class YoursScore {
02
03       var score: Int = 0 {
04
05       //newScore 可使用默认值 newValue 取代
06       willSet {
07           println("您的分数是 \(newValue)")
08       }
09
10       didSet {
11           if score > oldValue {
12               println("您进步了 \(score - oldValue) 分")
13           } else {
14               println("您退步了 \(oldValue - score) 分")
15           }
16       }
17       }
18   }
```

```
19
20    let yourScore = YoursScore()
21    yourScore.score = 60
22    yourScore.score = 80
23    yourScore.score = 70
```

输出结果和上一范例相同。

10.4 类型属性

类、结构或枚举的属性，一般是默认为实例属性（instance property），它必须以对象加以存取，因为是某一个对象所拥有。而另一种是类型属性（type property），它不必创建对象，而只要以结构或枚举的名称来调用即可，那如何形成类型属性呢？在结构或枚举中是以 static 关键字加入在属性的前面，类似于 C++的 static，为共享的意思，即不属于任何一个对象所有，程序如下所示。

📇 范例程序

```
01    //type property
02    struct Rectangle {
03        static var width = 20
04        static var height = 30
05        static var property: String {
06            return "Rectangle: "
07        }
08    }
09
10    println(Rectangle.property)
11    println("Width: \(Rectangle.width)")
12    println("Height: \(Rectangle.height)")
```

📇 输出结果

```
Rectangle:
Width: 20
Height: 30
```

在上述的结构内的属性前都添加 static 关键字，所以它们属于类型属性，不需要创建对象，只要以结构名称调用即可，如上述的 Rectangle.property、Rectangle.width 以及 Rectangle.height。而类的类型属性则需要在属性前加上 class 关键字。

若是将 static 关键字删除，程序如下所示：

```
struct Rectangle {
    var width = 20
    var height = 30
    var property: String {
        return "Rectangle: "
    }
}

let obj = Rectangle()
println(obj.property)
println("Width: \(obj.width)")
println("Height: \(obj.height)")
```

则必须先创建一个 Rectangle 对象 obj，再利用 obj 存取其属性，否则会有错误的信息产生。

10.5 实例方法

实例方法（instance method）就是定义在类或结构中的方法，实例方法必须使用对象来调用。我们以一个范例程序来说明。

📋 范例程序

```
01  //instance method
02  class Circle {
03      var radius = 0.0
04      //instance method
05      func getArea() -> Double {
06          return radius * radius * 3.14159
07      }
08      func setRadius(r: Double) {
09          radius = r
10      }
11  }
12
13  let circleObject = Circle()
14  circleObject.setRadius(10)
15  let circleArea = circleObject.getArea()
16  println("圆面积: \(circleArea)")
```

第 10 章 属性与方法

 输出结果

```
圆面积：314.159
```

程序中有两个方法，分别是 getArea() 和 setRadius(r:)。

getArea() 方法无参数但有返回值，其类型为 Double，示意代码如下。

```
func getArea() -> Double {
    return radius * radius * 3.14159
}
```

setRadius(r:) 方法接收一个参数，其类型为 Double，用来设置新的半径值。此方法没有返回值。

```
func setRadius(r: Double) {
    radius = r
}
```

由于这两个方法是实例方法，所以必须先创建一个对象，代码如下所示：

```
let circleObject = Circle()
```

之后便可利用 circleObject 调用 getArea 方法和 setRadius 方法，代码如下所示：

```
circleObject.setRadius(10)
let circleArea = circleObject.getArea()
```

上述代码分别设置圆的半径为 10，以及计算圆面积，并将它赋值给 circleArea 常量名。

10.5.1 方法的局部与外部参数名称

在函数那一章曾经提到过外部参数名称，可用于提高程序的可读性。如下范例是设置一个 Rectangle 类，其中有两个属性及两个方法：getArea 用来得到矩形面积；setWidthAndHeight(w:h:) 用来设置新的 width 与 height。

在 Swift 中，将方法的第一个参数名称默认视为局部参数名称（local parameter name），而将第二个之后的参数名称视为外部参数名称（external parameter name），所以在调用方法上需要加上外部参数名称才可以，程序如下所示。

📇 范例程序

```
01  class Rectangle {
02      var width = 0.0
03      var height = 0.0
04      func getArea() -> Double {
05          return width * height
```

161

```
06          }
07          func setWidthAndHeight(w: Double, h: Double) {
08              width = w
09              height = h
10          }
11      }
12      let rectObject = Rectangle()
13      rectObject.setWidthAndHeight(10, h: 20)
14      let rectArea = rectObject.getArea()
15      println("矩形面积: \(rectArea)")
```

输出结果

矩形面积: 200.0

在语句"rectObject.setWidthAndHeight(10, h: 20)"中，外部参数名称 h 不可以省略，否则会产生错误信息。当然，也可以强制加上外部参数名称，代码如下所示。

```
class Rectangle {
    var width = 0.0
    var height = 0.0
    func getArea() -> Double {
        return width * height
    }
    func setWidthAndHeight(width w: Double, height h: Double) {
        width = w
        height = h
    }
}
let rectObject = Rectangle()
rectObject.setWidthAndHeight(width: 10, height: 20)
let rectArea = rectObject.getArea()
 println("矩形面积: \(rectArea)")
```

此时，调用 setWidthAndHeight 方法时，必须将外部参数名称 width 与 height 写出，如下所示：

```
rectObject.setWidthAndHeight(width: 10, height: 20)
```

不过这种方式仅有少数人采用，因为第二个以后的参数名称即为外部参数名称，为什么还要多此一举，你说是吗？

10.5.2 self 属性

Swift 中的 self 与 C++（或 Java）中的 this 关键字具有相同的意义，表示类本身的意思。self 是自动产生的，不用声明与定义。当方法所接收的参数名称和要赋值给类、结构或枚举的属性名称相同时，就使用 self 属性，表示此为本身的属性，代码如下所示。

```
//using self
class Rectangle {
    var width = 0.0
    var height = 0.0
    func getArea() -> Double {
        return width * height
    }
    func setWidthAndHeight(w: Double , h: Double) {
        self.width = w
        self.height = h
    }
}
let rectangleObject = Rectangle()
rectangleObject.setWidthAndHeight(10, h: 20)
let totalArea = rectangleObject.getArea()
 println("面积: \(totalArea)")
```

其实在上面范例的 setWidthAndHeight 方法中，有无 self 都是可以的，代码如下所示：

```
func setWidthAndHeight(w: Double , h: Double) {
    width = w
    height = h
}
```

若是参数名称和指定的属性名称相同时，则必须借用 self，否则无法运行，代码如下所示：

```
//using self
class Rectangle {
    var width = 0.0
    var height = 0.0
    func getArea() -> Double {
        return width * height
    }
    func setWidthAndHeight(width: Double , height: Double) {
```

```
        self.width = width
        self.height = height
    }
}
let rectangleObject = Rectangle()
rectangleObject.setWidthAndHeight(10, height: 20)
let totalArea = rectangleObject.getArea()
 println("面积: \(totalArea)")
```

setWidthAndHeight 方法中的语句必须将 self 加以写出, 如下所示。

```
func setWidthAndHeight(width: Double , height: Double) {
    self.width = width
    self.height = height
}
```

因为若省略 self, 将会造成无法辨认 width 与 height 属于参数的属性或是本身的属性。

10.5.3 修改值类型的实例方法

因为结构和枚举的属性属于值类型（value type）, 所以默认情况下, 值类型的属性不能修改它的实例方法, 若要执行修改的操作, 必须在方法前加上 **mutating** 的关键字。正如第 10.5 节的第一个范例, 将 class 改为 struct, 此时 **setRadius** 方法前必须加上 **mutating**, 否则会产生错误信息, 代码如下所示。

范例程序

```
01   //mutating keyword
02   //在 setRadius 函数前加上 mutating
03   struct Circle {
04       var radius = 0.0
05       func getArea() -> Double {
06           return radius * radius * 3.14159
07       }
08       mutating func setRadius(r: Double) {
09           radius = r
10       }
11   }
12
13   //对象一定要是 var
14   var circleObject = Circle()
15   circleObject.setRadius(10)
16   let totalArea = circleObject.getArea()
```

```
17    println("面积: \(totalArea)")
```

输出结果

```
面积: 314.159
```

由于类属于参考类型，所以可以在方法内修改属性值，因此 mutating 只用于结构或是枚举。还需要注意的是，circleObject 一定要设为变量名，因为有更改类的 radius 属性值。

10.6 类型方法

在第 10.4 节中曾经探讨过类型属性，而本节将讨论类型方法（type method）。其与实例方法的差异是：类型方法是共享的，如 C++或 Java 的 static 方法。类型方法可以使用类名称或结构名称来调用，不必定义类或类的对象来调用。

类的类型方法是在 func 前加上 class 的关键字，而结构与枚举则是在 func 前加上 static 关键字，让我们来看几个范例。

范例程序

```
01    //type method of class using class
02    class Circle {
03        var radius = 0.0
04        //type method
05        class func printStar() {
06            println("*********")
07        }
08        func getArea() -> Double {
09            return radius * radius * 3.14159
10        }
11        func setRadius(r: Double) {
12            radius = r
13        }
14    }
15
16    let circleObject = Circle()
17    Circle.printStar()
18    circleObject.setRadius(10)
19    let totalArea = circleObject.getArea()
20    println("\(totalArea)")
```

📑 **输出结果**

```
*******
面积：314.159
```

上述程序定义了类 Circle，同时将 printStar 方法设置为类型方法，因为在此方法前加上了 class 关键字。在调用 printStar 方法时，可以使用类名称 Circle 直接调用。而另外两个 getArea 与 setRadius 方法必须以 Circle 的对象 circleObject 调用。

若将类改用结构表示时，则定义类型方法时要加上 static 关键字，同时也必须在 setRadius(r:)方法前加上 mutating。值得一提的是，定义 circleObject 对象时必须是变量名。

```
//type method of structure using static
struct Circle {
    var radius = 0.0
    static func printStar() {
        println("*********")
    }
    func getArea(r:Double) -> Double {
        return radius * radius * 3.14159
    }
    mutating func setRadius(r: Double) {
        radius = r
    }
}

var circleObject = Circle()
Circle.printStar()
circleObject.setRadius(10)
let totalArea = circleObject.getArea(10)
 println("面积: \(totalArea)")
```

我们在第 10.4 节讨论过类型属性，类型属性和类型方法都是在类的属性前加上 class，而在结构与枚举的属性前加上 static。有一点需要说明的是，类型的属性只能被类型方法所使用，否则会产生错误的信息，程序如下所示。

```
//structure of type property and type method
 //type property 只能被 type method 使用
struct Circle {
    static var radius = 0.0
    static func printStar() {
        println("*******")
    }
}
```

```
        static func getArea() -> Double {
            return radius * radius * 3.14159
        }
        static func setRadius(r: Double) {
            radius = r
        }
    }


Circle.printStar()
Circle.setRadius(10)
let totalArea = Circle.getArea()
println("\(totalArea)")
```

从上一范例程序可知，static 的类型属性可以被类型方法更改，所以不必加上 mutating，也就是说，在 static 的方法前不用再加上 mutating 关键字。

习　题

1. 试问下列程序的输出结果。

```
//computed property
struct Point {
    var x = 0.0, y = 0.0
}

struct Rectangle {
    var origin = Point()
    var width = 0.0, height = 0.0
    var center: Point {
    get{
        let centerX = origin.x + width / 2
        let centerY = origin.x + height / 2
        return Point(x: centerX, y:centerY)
    }

    set(newCenter) {
        origin.x = newCenter.x - width / 2
        origin.y = newCenter.y - height / 2
    }
    }
}

var square = Rectangle(origin: Point(x: 0.0, y: 0.0), width: 6, height: 6)
square.center = Point(x: 10.0, y: 10.0)
println("square.origin is now at \(square.origin.x), \(square.origin.y)")
```

2. 以下程序都有一些错误，请你来查错，顺便测验一下大家对本章的了解程度。

（a）

```
//computer property
struct Point {
    var x = 0.0, y = 0.0
}

struct Side {
    var length = 0.0
}
struct Square {
    var originPoint = Point()
    var xandY = Side()
    var center: Point {
    get {
        let centerPointX =  originPoint.x + xandY.length / 2
        let centerPointY =  originPoint.y + xandY.length / 2
        return Point(x: centerPointX, y: centerPointY)
    }

    set {
        originPoint.x = newCenter.x - xandY.length / 2
        originPoint.y = newCenter.y - xandY.length / 2
    }
    }
}

var Obj = Square(originPoint: Point(x: 0.0, y: 0.0), side:Side(length: 10))

//call getter
println("center x: \(Obj.center.x), y: \(Obj.center.y)")

//call setter
Obj.center = Point(x: 12, y: 12)
println("original x: \(Obj.originPoint.x), y: \(Obj.originPoint.y)")
```

（b）

```
// properties observers
class YoursScore {

    var score: Int = 0 {

    willset(newScore) {
        println("您的分数是 \(newScore)")
    }
```

```
    didset {
        if score > oldValue {
            println("您进步了 \(score - oldValue) 分")
        } else {
            println("您退步了 \(oldValue - score) 分")
        }
    }
    }
}

let yourScore = YoursScore()
yourScore.score = 60
yourScore.score = 80
yourScore.score = 70
```

（c）

```
//type property
struct Rectangle {
    static var width = 20
    var height = 30
    var property: String {
        return"Rectangle: "
    }
}

println(Rectangle.property)
println("Width: \(Rectangle.width)")
println("Height: \(Rectangle.height)")
```

3. 下列程序是小蔡同学所编写的，但有些错误信息，聪明的你可否帮他查错。

```
struct Circle {
    var radius = 0.0
    func getArea() -> Double {
        return radius * radius * 3.14159
    }
    func setRadius(r: Double) {
        radius = r
    }
}

var circleObject = Circle()
circleObject.setRadius(10)
let totalArea = circleObject.getArea()
println("面积: \(totalArea)")
```

4. 下列程序是小王同学所编写的，但有些错误信息，聪明的你可否帮他查错。

```
struct Circle {
    var radius = 0.0
    func printStar() {
        println("*********")
    }
    func getArea(r:Double) ->Double {
        return radius * radius * 3.14159
    }
    func setRadius(r: Double) {
        radius = r
    }
}

let circleObject = Circle()
Circle.printStar()
circleObject.setRadius(10)
let totalArea = circleObject.getArea(10)
println("面积: \(totalArea)")
```

5. 下列程序是小张同学所编写的，但有些错误信息，聪明的你可否帮他查错。

```
struct Circle {
    static var radius = 0.0

    static func printStar() {
        println("*******")
    }

    func getArea() -> Double {
        return radius * radius * 3.14159
    }
    func setRadius(r: Double) {
        radius = r
    }
}

var circleObject = Circle()
Circle.printStar()
Circle.setRadius(10)
Let totalArea = Circle.getArea()
println("\(totalArea)")
```

第 11 章
继承

继承（Inheritance）是面向对象程序设计（Object-Oriented Programming，OOP）的三大特性之一。类与结构的功能在于处理封装（Encapsulation），这也是 OOP 的特性之一。封装的好处在于防止数据被意外更改，也可以说是数据的隐藏。而继承则是可以重复使用已有的数据，这在软件工程中的重复使用（reuse）是非常重要的。本章将探讨子类如何继承父类、在子类中如何重写（override）父类的属性，以及如何防止某些属性或方法被重写。

11.1 父类

若类没有继承其他类，则称此类为父类（parent class），或是基类（base class）、超类（super class）等。一般情况下，类中除了有属性、方法外，还有用来初始化的方法，即 init()。当定义一个类的对象变量或常量时，系统会自动调用 init()函数。init()方法可以不带参数，也可以赋予参数，视情况而定。其语法如下：

```
init() {
    //执行初始化的动作
}
```

接下来，我们定义一个父类 Point，它有两个属性，分别表示坐标的 x 与 y，以及三个方法，分别是 setData(a:b:)、printData()以及 init()，其中 setData 方法用于设置新的 x 与 y 坐标，printData 用于输出坐标值，而 init 方法用于初始化 x 与 y 为 0，程序如下所示。

📋 范例程序

```
01   //base class
02   class Point {
03       var x: Int
04       var y: Int
```

```
05
06      func setData(a: Int, b: Int) {
07          x = a
08          y = b
09      }
10
11      func printData() {
12          println("x=\(x), y=\(y)")
13      }
14
15      init() {
16          x = 0
17          y = 0
18      }
19  }
20
21  let pointObject = Point()
22  pointObject.setData(10, b: 20)
23  pointObject.printData()
```

输出结果

```
x=10, y=20
```

也可以将 init 方法加以修改，让它带有参数，这样一来在定义 Point 变量时，可设置 x 与 y 的初始值，代码如下所示。

范例程序

```
01  class Point {
02      var x: Int
03      var y: Int
04
05      func setData(a: Int, b: Int) {
06          x = a
07          y = b
08      }
09
10      func printData() {
11          println("x=\(x), y=\(y)")
12      }
13
14      init(a: Int, b: Int) {
```

```
15              x = a
16              y = b
17          }
18      }
19
20      let pointObject = Point(a: 0, b: 0)
21      pointObject.setData(10, b: 20)
22      pointObject.printData()
```

输出结果同上。

11.2 子类

当子类继承父类时，子类可以使用从父类继承来的属性和方法，所以在子类中可以减少一些源代码。

子类的语法如下：

```
class name: baseClassName {
    //子类的定义从此开始
}
```

若有一个 Line 类继承自 Point 类，此时 Line 称为 Point 的子类，Point 称为 Line 的父类，程序如下所示。

范例程序

```
01      //subclass class
02      class Point {
03          var x: Int
04          var y: Int
05
06          func setData(a: Int, b: Int) {
07              x = a
08              y = b
09          }
10
11          func printData() {
12              println("x=\(x), y=\(y)")
13          }
14
15          init() {
16              x = 0
17              y = 0
```

```
18          }
19      }
20
21      class Line: Point {
22          var x1 = 10
23          var y1 = 12
24
25          func printLine() {
26              println("line is at (\(x), \(y)) and (\(x1), \(y1))")
27          }
28      }
29
30      let lineObject = Line()
31      print("Original point: ")
32      lineObject.printData()
33      lineObject.printLine()
34
35      lineObject.setData(5, b: 6)
36      print("New original point: ")
37      lineObject.printData()
38      lineObject.printLine()
```

输出结果

```
Original point: x=0, y=0
line is at (0, 0) and (10, 12)
New original point: x=5, y=6
line is at (5, 6) and (10, 12)
```

Line 类除了可使用本身定义的属性 x1、y1 和方法 printLine()外，还可以使用从 Point 类继承而来的属性和方法，如 x 与 y 属性，setData()和 printData()方法。在 Line 类中没有定义 setData 和 printData 这两个方法，但 Line 类的变量 LineObject 可以调用这两个方法，以设置和输出 Point 类的属性 x 与 y。Point 类与 Line 类的关系如图 11-1 所示。

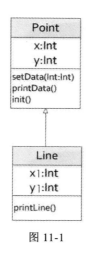

图 11-1

11.3 重写

可以重写（override）继承而来的方法和属性，以满足需求。不过在写法上都需要加上 override 关键字。在子类要使用父类的属性或是方法时，需要在其前面加上 super 关键字。

我们先从重写方法开始讲解，再接着探讨重写含有 get 与 set 的计算属性，以及属性观察者，最后讨论如何防止属性与方法被重写（或称为覆盖）。若要辨别是否重写，其实只要看属性和方法前有无 override 即可知道。

11.3.1 重写方法

下面定义一个 Circle 类，它继承自 Point 类。在 Circle 类中新定义 radius 属性、getArea 以及 printArea 方法，完整的程序如下所示。

📑 范例程序

```
01   //override method
02   class Point {
03       var x: Int
04       var y: Int
05
06       func setData(a: Int, b: Int) {
07           x = a
08           y = b
09       }
10
11       func printData() {
12           println("x=\(x), y=\(y)")
```

```
13          }
14
15      init() {
16          x = 0
17          y = 0
18      }
19  }
20
21  class Circle: Point {
22      var radius: Double
23
24      override init() {
25          radius = 10.0
26          super.init()
27      }
28
29      override func printData() {
30          super.printData()
31          println("radius: \(radius)")
32      }
33
34      func getArea() -> Double {
35          return radius * radius * 3.14159
36      }
37
38      func printArea() {
39          println("圆面积: \(getArea())")
40      }
41  }
42
43  let circleObject = Circle()
44  circleObject.setData(20, b: 20)
45  circleObject.printData()
46  circleObject.printArea()
```

📑 输出结果

```
x=20, y=20
radius: 10.0
圆面积: 314.159
```

从程序代码中可知 init 与 printData 方法是继承 Point 类而来，所以在 Circle 类重写这些方法时，记得要加上 override，即使是 init 方法也不例外。在 Circle 类中，要调用父类 Point 的 init 方法时，需以"super.init()"表示，要调用父类 Point 的 printData 方法时，需以"super.printData()"来表示。

11.3.2 重写访问的属性

除了在子类中可以重写继承父类的方法外，也可以重写继承父类的属性，范例程序如下所示。

范例程序

```
01   //override getter and setter property
02   class Point {
03       var x: Int
04       var y: Int
05
06       func setData(a: Int, b: Int) {
07           x = a
08           y = b
09       }
10
11       func printData() {
12           println("x=\(x), y=\(y)")
13       }
14
15       init() {
16           x = 0
17           y = 0
18       }
19   }
20
21   class Circle: Point {
22       var radius: Double
23
24       override init() {
25           radius = 10.0
26           super.init()
27       }
28
29       override func printData() {
30           super.printData()
31           println("radius: \(radius)")
32       }
33
```

```
34        func getArea() -> Double {
35            return radius * radius * 3.14159
36        }
37
38        func printArea() {
39            println("圆面积: \(getArea())")
40        }
41    }
42
43    class limitedCircle: Circle {
44        override var radius: Double {
45        get {
46            return super.radius
47        }
48        set {
49            super.radius = min(newValue, 100)
50        }
51        }
52    }
53
54    let limitedObject = limitedCircle()
55    limitedObject.setData(30, b: 30)
56    limitedObject.printData()
57    limitedObject.radius = 120
58    println("limitedCircle's radius: \(limitedObject.radius)")
59    println()
60
61    limitedObject.setData(20, b: 40)
62    limitedObject.printData()
63    limitedObject.radius = 60
64    println("limitedCircle's radius: \(limitedObject.radius)")
```

📑 输出结果

```
x=30, y=30
radius: 10.0
limitedCircle's radius: 100.0

x=20, y=40
radius: 100.0
limitedCircle's radius: 60.0
```

有关 Point、Circle 以及 limitedCircle 的关系示意图，如图 11-2 所示。

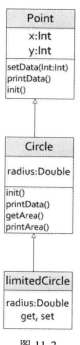

图 11-2

以下是利用重写访问属性来设置 limitedCircle 的半径。在 limitedCircle 中，重写父类 Circle 的 radius，其半径不可以大于 100，其片段程序如下：

```
class limitedCircle: Circle {
    override var radius: Double {
    get{
        return super.radius
    }
    set {
        super.radius = min(newValue, 100)
    }
    }
}
```

当程序执行"limitedObject.radius = 120"时将会调用 set 方法，将 120 传给 newValue，然后获取两者中最小的值，所以结果是 100。当调用"println("limitedCircle's radius: \(limitedObject.radius)")"时，将会调用 get 方法，以返回 super.radius。注意，因为被子类所继承的计算属性是未知的，它仅知道继承来的属性有某个名称和类型，所以必须要使用 super。

此时 Circle 类的 radius 已为 100，接下来将 radius 设置为 60，再次与 100 进行比较，并获取最小值。

11.3.3 重写属性观察者

接下来将讨论如何重写属性观察者。此次我们定义一个新的类 Cylinder，它的父类是 Circle 类。在 Cylinder 类中重写了属性观察者 didSet 以及 printData 方法。利用重写的属性计算圆柱体的高度，完整的程序如下所示。

范例程序

```
01   //override property observers
02   class Point {
03       var x: Int
04       var y: Int
05
06       func setData(a: Int, b: Int) {
07           x = a
08           y = b
09       }
10
11       func printData() {
12           println("x=\(x), y=\(y)")
13       }
14
15       init() {
16           x = 0
17           y = 0
18       }
19   }
20
21   class Circle: Point {
22       var radius: Double
23
24       override init() {
25           radius = 10
26           super.init()
27       }
28
29       override func printData() {
30           super.printData()
31           println("radius: \(radius)")
32       }
33
34       func getArea() ->Double {
35           return radius * radius * 3.14159
```

```
36        }
37
38        func printArea() {
39            println("圆面积: \(getArea())")
40        }
41    }
42
43    class Cylinder: Circle {
44        var height = 1.0
45
46        override var radius: Double {
47        didSet {
48            height = (radius / 10)
49        }
50        }
51
52        func getVolume() -> Double {
53            return radius * radius * 3.14159 * height
54        }
55
56        func printVolume() {
57            println("圆柱体体积: \(getVolume())")
58        }
59
60        override func printData() {
61            super.printData()
62            println("height: \(height)")
63        }
64    }
65
66    let clylinderObject = cylinder()
67    println("cylinderObject.radius: \(clylinderObject.radius)")
68    clylinderObject.radius = 20
69    println("cylinderObject.radius: \(clylinderObject.radius)")
70    clylinderObject.printData()
71    clylinderObject.printVolume()
```

📰 输出结果

```
cylinderObject.radius: 10.0
cylinderObject.radius: 20.0
x=0, y=0
radius: 20.0
```

```
height: 2.0
圆柱体体积：2513.272
```

Point、Circle 以及 Cylinder 类的关系图，如图 11-3 所示。

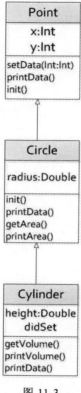

图 11-3

在 Cylinder 类中自定义 height 属性，以及 getVolume 与 printVolume 方法。程序中的 didSet 是在 radius 存储之后执行，所以已有 radius 值。还记得属性观察者还有一个代码块是 willSet 吗？它是在值存储前执行的。其实 Cylinder 类的 radius 是继承 Circle 而来的，本身没有自定义。

若要防止类、方法和属性被重写，可以在这些项目前加上 final。例如在 Circle 类前加上 final 及在其属性 radius 前加上 final，代码如下所示：

```
final class Circle: Point {
    final var radius: Double

    override init() {
        radius = 2.0
        super.init()
    }
```

```
override func printData() {
    super.printData()
    println("radius: \(radius)")
}

func getArea() -> Double {
    return radius * radius * 3.14159
}

func printArea() {
    println("圆面积: \(getArea())")
}
}
```

此时，Cylinder 类就无法继承 Circle 类了，同样 radius 也不可以被继承。

习　题

以下的程序都有错误，请你帮忙进行查错，顺便练习一下。

（a）

```
class Point {
    var x: Int
    var y: Int

    func setData(a: Int, b: Int) {
        x = a
        y = b
    }

    func printData() {
        println("x=\(x), y=\(y)")
    }

    init(a: Int, b: Int) {
        x = a
        y = b
    }
}

let pointObject = Point(a: 0, b: 0)
pointObject.setData(10, 20)
pointObject.printData()
```

（b）

```
class Point {
```

```
        var x: Int
        var y: Int

        func setData(a: Int, b: Int) {
            x = a
            y = b
        }

        func printData() {
            println("x=\(x), y=\(y)")
        }

        init() {
            x = 0
            y = 0
        }
    }

    class Circle: Point {
        var radius: Double

        init() {
            radius = 10.0
            super.init()
        }

        func printData() {
            printData()
            println("radius: \(radius)")
        }

        func getArea() -> Double {
            return radius * radius * 3.14159
        }

        func printArea() {
            println("圆面积: \(getArea())")
        }
    }

    let circleObject = Circle()
    circleObject.setData(20, b: 20)
    circleObject.printData()
    circleObject.printArea()
```

（c）

```
    class Point {
        var x: Int
        var y: Int
```

```
    func setData(a: Int, b: Int) {
        x = a
        y = b
    }

    func printData() {
        println("x=\(x), y=\(y)")
    }

    init() {
        x = 0
        y = 0
    }
}

class Circle: Point {
    var radius: Double

    init() {
        radius = 10.0
        super.init()
    }

    override func printData() {
        super.printData()
        println("radius: \(radius)")
    }

    func getArea() -> Double {
        return radius * radius * 3.14159
    }

    func printArea() {
        println("圆面积: \(getArea())")
    }
}

class limitedCircle {
    var radius: Double {
    get{
        returnsuper.radius
    }

    set {
        super.radius = min(newValue, 100)
    }
    }
}
```

```
let limitedObject = limitedCircle()
limitedObject.setData(30, b: 30)
limitedObject.printData()
limitedObject.radius = 120
println("limitedCircle's radius: \(limitedObject.radius)")

limitedObject.setData(20, b: 40)
limitedObject.printData()
limitedObject.radius = 60
println("limitedCircle's radius: \(limitedObject.radius)")
```

（d）

```
class Point {
    var x: Int
    var y: Int

    func setData(a: Int, b: Int) {
        x = a
        y = b
    }

    final func printData() {
        println("x=\(x), y=\(y)")
    }

    init() {
        x = 0
        y = 0
    }
}

class Circle: Point {
    final var radius: Double

    override init() {
        radius = 10
        super.init()
    }

    override func printData() {
        super.printData()
        println("radius: \(radius)")
    }

    func getArea() -> Double {
        return radius * radius * 3.14159
    }

    func printArea() {
```

```
        println("圆面积: \(getArea())")
    }
}

class Cylinder: Circle {
    var height = 1.0

    override var radius: Double {
    didSet {
        height = (radius / 10)
    }
    }

    func getVolume() -> Double {
        return radius * radius * 3.14159 * height
    }

    func printVolume() {
        println("圆柱体体积: \(getVolume())")
    }

    override func printData() {
        super.printData()
        println("height: \(height)")
    }
}

let clylinderObject = cylinder()
println("cylinderObject.radius: \(clylinderObject.radius)")
clylinderObject.radius = 20
println("cylinderObject.radius: \(clylinderObject.radius)")
clylinderObject.printData()
clylinderObject.printVolume()
```

第12章
初始化与析构

初始化（initialization）是设置类、结构以及枚举成员值的过程。而析构（deinitialization）则是在类实例中释放（deallocated）之前所执行的动作。

12.1 初始化

当创建一个类或结构的对象时，将会调用构造器（initializer）用来初始化变量值。Swift 的构造器是以 init 为关键字来表示，而且此方法可带参数，也可以不带参数，视情况而定，范例程序如下所示。

📋 范例程序

```
01   //initialization
02   class Score {
03       var yourScore: Double
04       init() {
05           yourScore = 60
06       }
07   }
08
09   let scoreObj = Score()
10   println("Yours score is \(scoreObj.yourScore)")
```

📋 输出结果

```
Yours score is 60
```

当创建 scoreObj 时，将自动调用 init()函数将 yourScore 初始化设置为 60，也可以不使用 init 函数，而是使用默认属性值，直接在定义变量时就加以设置其初值，如下所示。

📋 范例程序

```
01  class Score {
02      varyourScore = 60
03  }
04
05  let scoreObj = Score()
06  println("Yours score is \(scoreObj.yourScore)")
```

输出结果同上。

以上两种方式可根据个人的喜好而定。接下来，我们来看构造器带参数的情形，代码如下所示。

📋 范例程序

```
01  //initialization prarmeter
02  //local and external prarmeter
03  class Kilometer {
04      var kilo: Double
05      init(fromMile mile: Double) {
06          kilo = mile * 1.6
07      }
08      init(fromKilometer km: Double) {
09          kilo = km
10      }
11  }
12
13  var runner = Kilometer(fromMile: 96)
14  println("You run \(runner.kilo) kilometer")
15
16  runner = Kilometer(fromKilometer: 150)
17  println("You run \(runner.kilo) kilometer")
```

📋 输出结果

```
You run 153.6 kilometer
You run 150.0 kilometer
```

程序中有外部参数名称，分别是 fromMile 和 fromKilometer，使用外部参数名称能提高可读性。其实你也不必为构造器加上外部参数名称，因为 Swift 将构造器的每个参数都默认为外部参数名称。只是此处为了更易于了解所处理的事项，特意加上额外的外部参数名称。注意，当你建立对象并加以初始化时，若没有写上外部参数名称将会产生错误信息，如将"var runner = Kilometer(fromMile: 96)"写成"var runner = Kilometer(96)"，将会产生错误的信息。

再来看一个输出屏幕分辨率的范例，代码如下所示。

范例程序

```
01    class Resolution {
02        let width = 0, height = 0
03        init(width: Int, height: Int) {
04            self.width = width
05            self.height = height
06        }
07    }
08
09    let monitor = Resolution(width: 1024, height: 768)
10    println("My monitor resolutions: \(monitor.width) * \(monitor.height)")
```

输出结果

```
My monitor resolutions: 1024 * 768
```

其中 width 与 height 都视为外部参数名称，所以建立 monitor 对象时，要将外部参数名称标识出来，否则将会得到错误的信息。值得一提的是，在 init 函数主体中 self 表示该对象，由于 init 函数内的参数与对象本身的属性变量使用相同的名称，所以加上 self 是很重要的，因为这样才有办法分辨是属于对象本身的，还是属于参数的。Swift 的 self 如同 Objective-C 的 self，并类似于其他语言中（如 C++与 Java）的 this。

当属性是选项类型时，此时的默认值是 nil。这是很重要的概念，凡是要赋值 nil 给变量时，此变量的先决条件必须是选项的类型。当遇到此问题时，我们将再次提醒大家。此处以范例显示选项类型的变量的初始化默认值。

范例程序

```
01    //optional property
02    class Fruits {
03        var fruitName: String
04        var theBest: Bool?
05        init(name: String) {
06            fruitName = name
07        }
08    }
09
10    var myFruit = Fruits(name: "Mango")
```

```
11   println("I want to buy some \(myFruit.fruitName)es")
12   println("\(myFruit.fruitName)是我的最爱? \(myFruit.theBest)")
13
14   myFruit.theBest = true
15   println("\(myFruit.fruitName)是我的最爱? \(myFruit.theBest!)")
```

📑 输出结果

```
I want to buy some Mangoes
Mango 是我的最爱? nil
Mango 是我的最爱? true
```

上例程序可将 class 改为 struct，执行结果也是一样的，因为结构和类都可以使用构造器来设置其初始值。

我们也从 myFruit.theBest 的输出结果可知，theBest 选项类型变量的初始值是 nil，可直接在程序中赋值 true 给此选项类型变量。

若不是使用 init 的构造器来设置初始值，而是使用默认初始值，则范例程序如下所示。

📑 范例程序

```
01   class Fruits {
02       var fruitName = "Mango"
03       var theBest: Bool?
04   }
05
06   var myFruit = Fruits()
07   println("I want to buy some \(myFruit.fruitName)es")
08   println("\(myFruit.fruitName)是我的最爱? \(myFruit.theBest)")
09
10   myFruit.theBest = true
11   println("\(myFruit.fruitName)是我的最爱? \(myFruit.theBest!)")
```

输出结果和上一范例程序是一样的。

若程序中没有构造器也没有默认值时，在结构与类中应如何初始化这些属性值呢？我们先来看一下结构应该如何处理，程序如下所示。

📑 范例程序

```
01   struct Fruits {
02       var fruitName: String
03       var theBest: Bool?
04   }
05
```

```
06    var myFruit = Fruits(fruitName: "mango", theBest: false)
07    println("I want to buy some \(myFruit.fruitName)es")
08    println("\(myFruit.fruitName)是我的最爱? \(myFruit.theBest!)")
09
10    myFruit.theBest = true
11    println("\(myFruit.fruitName)是我的最爱? \(myFruit.theBest!)")
```

输出结果

I want to buy some Mangoes	
mango 是我的最爱? false	
mango 是我的最爱? true	

若将上述程序的 struct 改为 class，则会有错误的信息。因为类的属性初始化只能以 init 构造器或是以默认值来设置。

12.2 类的继承与初始化

继承是类所独有的，因此在初始化的动作上比较复杂，但是也不难。

12.2.1 指定构造器与便捷构造器

在没有举例之前先来解释几个名词，一为指定构造器（designated initialize），它是类主要的构造器，也就是说每一类都至少有一个指定构造器，用来指定类中有关的属性值；二为便捷构造器（convenience initializer），它是类中的第二种或称支持型的构造器，可以借助调用指定构造器来设置默认值。

在一般的构造器中，Swift 以下列三种规则应用于构造器之间：

➢ 规则一：指定构造器必须直接调用其父类的指定构造器。

➢ 规则二：便捷构造器必须在同一类中调用另一构造器。

➢ 规则三：便捷构造器必须调用指定构造器来结束。

所以简单地说，指定构造器是向上调用的，而便捷构造器是平行调用。其示意图如图 12-1 所示。

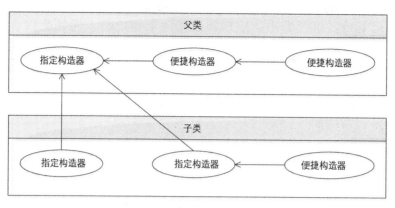

图 12-1

在父类中有一个指定构造器、两个便捷构造器。一个便捷构造器调用另一个便捷构造器，然后调用指定构造器，这符合上述的规则二与规则三，因为此父类没有父类，所以没有进一步调用指定构造器，从而没有应用规则一。

而在子类中有两个指定构造器、一个便捷构造器。一个便捷构造器调用其中一个指定构造器，这符合上述的规则二与规则三，然后这两个指定构造器必须调用父类的指定构造器，所以它也符合规则一。

比较复杂的示意图如图 12-2 所示。

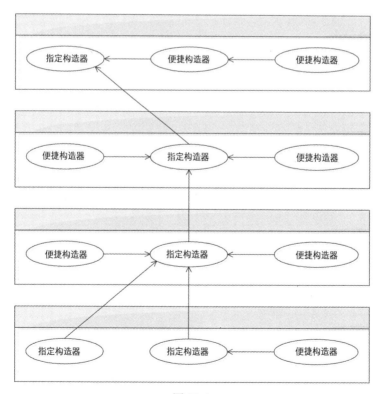

图 12-2

无论有多么复杂，都可看出指定构造器是向上调用的，而便捷构造器是平行调用的，这一点要特别注意。

12.2.2 语法与范例

指定构造器的语法如下：

```
init(parameters) {
    statements
}
```

而便捷构造器的语法，只要在指定构造器前加上 convenience 关键字就可以了。

```
convenience init(parameters) {
    statements
}
```

大家要注意一个原则，那就是便捷构造器会调用指定构造器，因此，在便捷构造器中会调用指定构造器，而在指定构造器中会调用其父类的指定构造器，请看以下的范例程序。

范例程序

```
01   //designated and convience initializer
02   class Fruits {
03       var fruitName: String
04           println("call designated initializer")
05           self.fruitName = fruitName
06       }
07       convenience init() {
08           println("call convenience initializer")
09           self.init(fruitName: "Apple")
10       }
11   }
12
13   Let yoursFruits = Fruits()
14   println(yoursFruits.fruitName)
15
16   let myFruits = Fruits(fruitName: "Mango")
17   println(myFruits.fruitName)
```

输出结果

```
call convenience initializer
call designated initializer

Apple
```

```
call designated initializer
Mango
```

有关指定构造器与便捷构造器的示意图如图 12-3 所示。

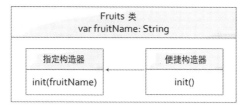

图 12-3

当我们创建 myFruits 常量名时，"let myFruits = Fruits(fruitName: "Mango")"会调用指定构造器，而创建 yoursFruits 常量名时，"let yoursFruits = Fruits()"将会调用便捷构造器。这符合上述的规则二与规则三。以下列举一个有父类与子类之间初始化的过程，建议将程序中的指定构造器与便捷构造器之间的关系以示意图来表示，可以很快看出其答案。

范例程序

```
01  //class inheritance and initialization
02  class Fruits {
03      var fruitName: String
04      init(fruitName: String) {
05          println("call Fruits designated initializer")
06          self.fruitName = fruitName
07      }
08
09      convenience init() {
10          println("call Fruits convenience initializer")
11          self.init(fruitName: "Apple")
12      }
13  }
14
15  class FavoriteFruits: Fruits {
16      var numbers: Int
17      init(favoriteFruits: String, numbers: Int) {
18          self.numbers = numbers
19          println("call FavoriteFruits designated initializer")
20          super.init(fruitName: favoriteFruits)
21      }
22
23      override convenience init(fruitName: String) {
```

```
24              println("call FavoriteFruits convenience initializer")
25              self.init(favoriteFruits: fruitName, numbers: 1)
26      }
27  }
28
29  let appleObject = FavoriteFruits()
30  println("\(appleObject.fruitName): \(appleObject.numbers)")
31
32  let orangeObject = FavoriteFruits(fruitName: "Orange")
33  println("\(orangeObject.fruitName): \(orangeObject.numbers)")
34
35  let bananaObject = FavoriteFruits(favoriteFruits: "Banana", numbers: 8)
36  println("\(bananaObject.fruitName): \(bananaObject.numbers)")
```

📖 输出结果

```
call Fruits convenience initializer
call FavoriteFruits convenience initializer
call FavoriteFruits designated initializer
call Fruits designated initializer
Apple: 1
call FavoriteFruits convenience initializer
call FavoriteFruits designated initializer
call Fruits designated initializer
Orange: 1
call FavoriteFruits designated initializer
call Fruits designated initializer
Banana: 8
```

有关父类与子类的指定构造器与便捷构造器的示意图如图 12-4 所示。

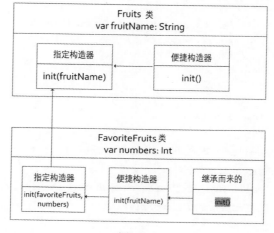

图 12-4

196

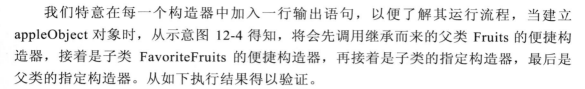

我们特意在每一个构造器中加入一行输出语句，以便了解其运行流程，当建立 appleObject 对象时，从示意图 12-4 得知，将会先调用继承而来的父类 Fruits 的便捷构造器，接着是子类 FavoriteFruits 的便捷构造器，再接着是子类的指定构造器，最后是父类的指定构造器。从如下执行结果得以验证。

```
call Fruits convenience initializer
call FavoriteFruits convenience initializer
call FavoriteFruits designated initializer
call Fruits designated initializer
Apple: 1
```

而当建立 orangeObject 对象时，从示意图 12-4 得知，将会先调用子类 FavoriteFruits 的便捷构造器，接着是子类的指定构造器，最后是父类的指定构造器。从如下执行结果得以验证。

```
call FavoriteFruits convenience initializer
call FavoriteFruits designated initializer
call Fruits designated initializer
Orange: 1
```

最后建立 bananaObject 对象时，从示意图 12-4 得知，将会先调用子类的指定构造器，然后是父类的指定构造器。从如下执行结果得以验证。

```
call FavoriteFruits designated initializer
call Fruits designated initializer
Banana: 8
```

我们再列举一个例子进行说明。

范例程序

```
01  class Fruits {
02      var fruitName: String
03      init(fruitName: String) {
04          self.fruitName = fruitName
05      }
06
07      convenience init() {
08          self.init(fruitName: "Apple")
09      }
10  }
11
12  class FavoriteFruits: Fruits {
13      var numbers: Int
14      init(favoriteFruits: String, numbers: Int) {
15          self.numbers = numbers
```

```
16              super.init(fruitName: favoriteFruits)
17         }
18
19      override convenience init(fruitName: String) {
20             self.init(favoriteFruits: fruitName, numbers: 1)
21         }
22    }
23
24    class MaryShoppingList : FavoriteFruits {
25       var information: String {
26       get {
27          var output = "\(numbers) x \(fruitName)"
28          return output
29       }
30       }
31    }
32
33    var fruitList = [MaryShoppingList(),
34                  MaryShoppingList(fruitName: "Guava"),
35                  MaryShoppingList(favoriteFruits: "Kiwi", numbers: 3)]
36
37    for item in fruitList {
38       println(item.information)
39    }
```

输出结果

```
1 x Apple
1 x Guava
3 x Kiwi
```

范例程序中父类与子类的指定构造器与便捷构造器的关系示意图如图 12-5 所示。

类 MaryShoppingList 继承 FavoriteFruits 类，所以子类 MaryShoppingList 可使用父类 FavoriteFruits 的所有特性。而在子类中只增加 information 属性的 **get** 方法即可，如下所示：

```
class MaryShoppingList : FavoriteFruits {
    var information: String {
    get {
        var output = "\(numbers) x \(fruitName)"
        return output
    }
    }
}
```

接着定义一个 fruitList 数组，然后利用 for-in 循环将数组的元素一一输出。

图 12-5

12.3 析构

在类实例释放前将会调用析构器（deinitializer）。析构器只用于类而已，一般用 deinit 告知这是析构器。析构器不加任何参数，所以没有小括号。其语法如下：

```
deinit {
    statements
}
```

Swift 的构造器类似于 C++的构造方法（constructor），而析构器类似于析构方法（destructor）。在父类与子类中，有关析构器的步骤是：子类先处理，再处理父类析构器。

我们以范例程序来说明会比较清楚明白。

范例程序

```
01  //deinitializer
02  class Fruits {
```

```
03        var fruitName: String
04        init(fruitName: String) {
05            self.fruitName = fruitName
06        }
07        func display() {
08            println("I buy some \(fruitName)s")
09        }
10        deinit {
11            println("Execute deinitializer")
12        }
13    }
14
15    var oneObject2: Fruits? = Fruits(fruitName: "Kiwi")
16    oneObject2!.display()
17    oneObject2 = nil
```

输出结果

```
I buy some Kiwis
Execute deinitializer
```

程序中定义 oneObject2 是 Fruits?的类型，这样才可以赋值 nil 给 oneObject2，否则无法运行。当程序执行最后一行时，将执行析构器，然后才将此变量释放。

习　题

以下程序有一些错误，请你来挑错。

（a）

```
class Kilometer {
    var kilo: Double
    init(fromMile mile: Double) {
        kilo = mile * 1.6
    }

    init(fromKilometer km: Double) {
        kilo = km
    }
}

var runner = Kilometer(mile: 96)
println("You run \(runner.kilo) kilometer")

runner = Kilometer(km: 150)
```

```
println("You run \(runner.kilo) kilometer")
```

（b）

```
class Fruits {
    var fruitName: String
    var theBest: Bool?
}

var myFruit = Fruits(fruitName: "Mango", theBest: true)
println("I want to buy some \(myFruit.fruitName)es")
println("\(myFruit.fruitName)是我的最爱? \(myFruit.theBest)")
```

（c）

```
class Fruits {
    var fruitName: String
    init(fruitName: String) {
        fruitName = self.fruitName
    }

    init() {
        self.init(fruitName: "Apple")
    }
}

let myFruits = Fruits(fruitName: "Mango")
println("call designated initializer: \(myFruits.fruitName)")

let yoursFruits = Fruits()
println("call convenience initializer: \(yoursFruits.fruitName)")
```

（d）

```
class Fruits {
    var fruitName: String
    init(fruitName: String) {
        println("call Fruits designated initializer")
        self.fruitName = fruitName
    }

    convenience init() {
        println("call Fruits convenience initializer")
        self.init(fruitName: "Apple")
    }
}

class FavoriteFruits: Fruits {
    var numbers: Int
```

```
    init(favoriteFruits: String, numbers: Int) {
        self.numbers = numbers
        println("call FavoriteFruits designated initializer")
        super.init(fruitName: favoriteFruits)
    }

    convenience init(fruitName: String) {
        println("call FavoriteFruits convenience initializer")
        self.init(favoriteFruits: fruitName, numbers: 1)
    }
}

let appleObject = FavoriteFruits()
println("\(appleObject.fruitName): \(appleObject.numbers)")

let orangeObject = FavoriteFruits(fruitName: "Orange")
println("\(orangeObject.fruitName): \(orangeObject.numbers)")

let bananaObject = FavoriteFruits(favoriteFruits: "Banana", numbers: 8)
println("\(bananaObject.fruitName): \(bananaObject.numbers)")
```

（e）

```
class Fruits {
    var fruitName: String
    init(fruitName: String) {
        self.fruitName = fruitName
    }
    func display() {
        println("I buy some \(fruitName)s")
    }
    deinit {
        println("Execute deinitializer")
    }
}

var oneObject2: Fruits = Fruits(fruitName: "Kiwi")
oneObject2.display()
oneObject2 = nil
```

第13章
自动引用计数

我实在是太爱自动引用计数（Automatic Reference Counting，ARC）了，因为曾经编写过 iPhone App 的人都有过因内存不足而死机的经历。在没有 ARC 时，程序员主要的任务之一，就是要负责所有对象引用计数的问题，如今这个噩梦已结束，取而代之的是系统自动处理引用计数的问题，所以现在编写 iPhone 的 App 真是幸福多了，那你还在犹豫什么呢？动手吧！

当类出现引用循环时，会出现无法释放的结果，因此必须采取一些机制来解决。这些机制就是本章将要探讨的主题，我们将配合示意图加以说明。

13.1 自动引用计数如何工作

为了能清楚地知道自动引用计数是如何工作的，我们以一个范例来进行说明，程序如下所示。

📇 范例程序

```
01    //Automatic Reference Count(ARC)
02    class Book {
03        let author: String
04        let bookName: String
05        init(author: String, bookName: String) {
06            self.author = author
07            self.bookName = bookName
08        }
09        deinit {
10            println("\(bookName) is being deinitialized")
11        }
12    }
13
14    var bookObj1: Book?
```

```
15    var bookObj2: Book?
16    var bookObj3: Book?
17
18    bookObj1 = Book(author: "蔡明志", bookName: "学会Swift 程序设计的18 堂课")
19    bookObj2 = bookObj1
20    bookObj3 = bookObj1
21
22    println("\( bookObj1!.bookName)的作者是 \( bookObj1!.author)")
23    println("\( bookObj2!.bookName)的作者是 \( bookObj2!.author)")
24    println("\( bookObj3!.bookName)的作者是 \( bookObj3!.author)")
25
26    bookObj1 = nil
27    bookObj2 = nil
28    bookObj3= nil
```

输出结果

```
学会 Swift 程序设计的18 堂课的作者是蔡明志
学会 Swift 程序设计的18 堂课的作者是蔡明志
学会 Swift 程序设计的18 堂课的作者是蔡明志
学会 Swift 程序设计的18 堂课 is being deinitialized
```

程序先定义一个类 Book，它除了有构造器和析构器外，还定义了 author 与 bookName 常量名。析构器的主要任务是输出信息让大家知道已执行析构器而已。

接下来定义三个"Book?"可选类型的变量，分别为 bookObj1、bookObj2 以及 bookObj3，然后将 Book 的实例赋值给 bookObj1，再将此赋值给 bookObj2 与 bookObj3，程序直到将这 3 个变量都赋值为 nil 后才会执行 deinit，从输出结果可以得到验证。

13.2 类实例之间的强引用循环

当程序的一类与另一类相互引用时，这时彼此类实例都握有强引用到对方，使得每一个实例让对方的实例保持活的状态，这就是所谓的强引用循环（strong reference cycle）。

我们以一个范例来说明。假设有一个类 Person，它有一个变量名 department，其类型是"Department?"可选类型。而在 Department 类中也有一个变量名 director，其类型为"Person?"可选类型。我们知道类实例的引用默认是强引用，所以此时将会形成强引用循环，程序如下所示。

範例程序

```
01  //strong reference
02  class Person {
03      let name: String
04      init(name: String) {
05          self.name = name
06      }
07      var department: Department?
08
09      deinit {
10          println("\(name) is being deinitialized")
11      }
12  }
13
14  class Department {
15      let departName: String
16      init(departName: String) {
17          self.departName = departName
18      }
19      var director: Person?
20
21      deinit {
22          println("Department of \(departName)) is being deinitialized")
23      }
24  }
25
26  var peter: Person?
27  var cs: Department?
28  peter = Person(name: "Peter")
29  cs = Department(departName: "Computer Science")
30
31  peter!.department = cs
32  cs!.director = peter
33
34  println("\(peter!.name) is in \(peter!.department!.departName)")
35  print("Director of \(peter!.department!.departName)")
36  println(" is \(peter!.department!.director!.name)")
37
38  peter = nil
39  cs = nil
```

輸出結果

```
Peter is in Computer Science
```

```
Director of Computer Science is Peter
```

如下程序中的变量都属于可选类型的变量，默认的初始值是 nil。

```
var peter: Person?
var cs: Department?
```

接着建立这两个类的实例如下：

```
peter = Person(name: "Peter")
cs = Department(departName: "Computer Science")
```

这两个语句所对应的图形如图 13-1 所示。

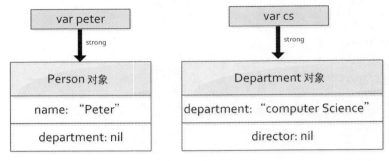

图 13-1

并将 cs 赋值给 peter 的 department，以及将 peter 赋值给 cs 的 director，代码如下所示：

```
peter!.department = cs
cs!.director = peter
```

注意，要使用 "!" 表示确有此实例，因为它们都是可选类型，可以为 nil 或其他数据，此时的示意图如图 13-2 所示。

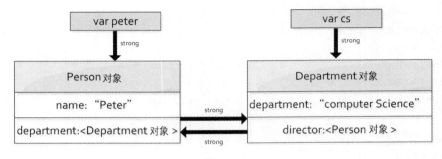

图 13-2

大家应该可以很清楚地看出两个实例之间都被强引用缠住，即使将这两个实例赋值为 nil：

```
peter = nil
cs = nil
```

虽然此时的 peter 和 cs 指向 nil，但它们还是无法释放，因为每个实例都由 strong 引用指向对方的实例，其示意图如图 13-3 所示。

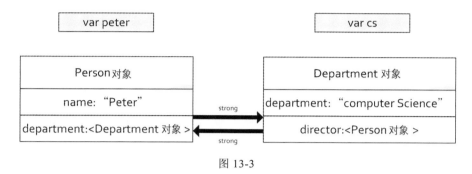

图 13-3

因此程序根本没有执行析构器，请对照输出结果。

13.3 解决类实例之间强引用循环的方法

我们从上一个范例可知，强引用循环无法启动析构器，所以无法释放不再使用的内存空间。那要如何解决此问题呢？我们有两种解决机制：弱引用（weak reference）及无主引用（unowned reference）。以下我们将逐一探讨，并配合图形加以解说。

13.3.1 弱引用

由于强引用循环会造成无法释放不再使用的内存，所以我们必须将其中一个强引用改为弱引用，使得两个类实例不会相互缠住，请看以下的范例。

📋 范例程序

```
01  //weak reference
02  class Person {
03      let name: String
04      init(name: String) {
05          self.name = name
06      }
07
08      var department: Department?
09      deinit {
10          println("\(name) is being deinitialized")
11      }
12  }
```

```
13
14    class Department {
15        let departName: String
16        init(departName: String) {
17            self.departName = departName
18        }
19
20        weak var director: Person?
21        deinit {
22            println("Department of \(departName) is being deinitialized")
23        }
24    }
25
26    var peter: Person?
27    var cs: Department?
28    peter = Person(name: "Peter")
29    cs = Department(departName: "Computer Science")
30
31    peter!.department = cs
32    cs!.director = peter
33
34    println("\(peter!.name) is in \(peter!.department!.departName)")
35    print("Director of \(peter!.department!.departName)")
36    println(" is \(peter!.department!.director!.name)")
37
38    peter = nil
39    cs = nil
```

输出结果

```
Peter is in Computer Science
Director of Computer Science is Peter
Peter is being deinitialized
Department of Computer Science is being deinitialized
```

其实这个范例程序和上一个范例程序几乎一样，只是将 Department 中的 director 改为弱引用而已。程序中的如下变量都属于可选类型的变量，默认的初始值是 nil。

```
var peter: Person?
var cs: Department?
```

接着创建这两个类的实例如下：

```
peter = Person(name: "Peter")
cs = Department(departName: "Computer Science")
```

然后将 cs 赋值给 peter 的 department，以及将 peter 赋值给 cs 的 director，代码如下所示：

```
peter!.department = cs
cs!.director = peter
```

注意，要使用"!"表示确有此实例，因为它们都是可选类型，可以为 nil 或其他。

由于 cs.director 是弱引用到 Person 类的实例，所以此时的示意图如图 13-4 所示。

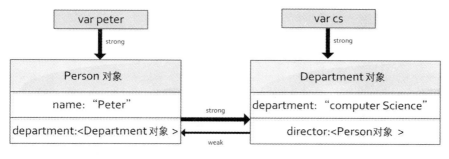

图 13-4

大家应该可以很清楚地看出 peter 设为 nil 时，此时已没有强引用到 Person 的实例，所以将会输出以下结果：

```
Peter is being deinitialized
```

其示意图如图 13-5 所示。

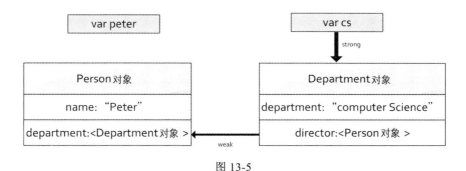

图 13-5

因此可将此实例释放，只剩下强引用指向 Department。

当我们将 cs 赋值为 nil 时，因为没有强引用到 Department 的实例，所以这时程序可以执行析构器，此时的输出结果如下：

```
Department of Computer Science is being deinitialized
```

13.3.2 无主引用

其实无主引用（unowned reference）和弱引用一样，都没有强引用指向彼此。不同之处是无主引用假设都有值，而不是可选类型，可有可无。例如以下的范例程序是某人可能已投保中信保险，但保单号码一定对应一个人，范例程序如下。

范例程序

```
01   //unowned reference
02   class Person {
03       let name: String
04       var insurance: CTInsurance?
05       init(name: String) {
06           self.name = name
07       }
08       deinit {
09           println("\(name) is being deinitialized")
10       }
11   }
12
13   class CTInsurance {
14       let number: Int
15       unowned let person: Person
16
17       init(number: Int, person: Person) {
18           self.number = number
19           self.person = person
20       }
21       deinit {
22           println("insurance of \(number) is being deinitialized")
23       }
24   }
25
26   var peter: Person?
27   peter = Person(name: "Peter")
28   peter!.insurance = CTInsurance(number: 122789356, person: peter!)
29   println("name: \(peter!.name)")
30   println("number: \(peter!.insurance!.number)")
31
32   peter = nil
```

📄 输出结果

```
name: Peter
number: 122789356
Peter is being deinitialized
insurance of 122789356 is being deinitialized
```

程序中的"var peter: Person?"属于可选类型的变量，默认的初始值是 nil。

接着建立 Person 类的实例如下：

```
peter = Person(name: "Peter")
peter!.insurance = CTInsurance(number: 122789356, person: peter!)
```

由于 Person 由一个强引用指向 CTInsurance 实例，而 CTInsurance 实例无主引用指向 Person 实例，因此其示意图如图 13-6 所示。

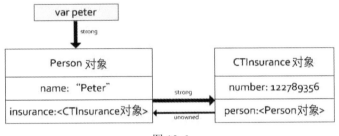

图 13-6

当 peter 设为 nil 时，此时已没有强引用到 Person 的实例，示意图如图 13-7 所示。

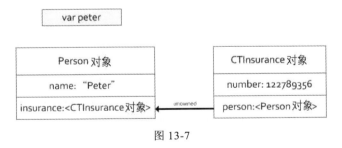

图 13-7

因此，可将此 Person 实例释放，此时的输出结果如下：

```
Peter is being deinitialized
```

CTInsurance 实例也没有强引用指向它，所以也跟着释放了。此时的输出结果如下：

```
insurance of 122789356 is being deinitialized
```

13.3.3 无主引用与隐式解析可选属性

除了上述两种情况外，还有一种情况就是每一个属性都有值，不会是 nil，例如以下的范例程序，每个人都有身份证号码，而身份证号码一定只属于某一个人。在 Person 类中有一个人名和 id，而且 id 是 ID 类的常量名，注意 ID 后面要加上"！"，表示它一定有数据。在构造器中有两个参数：一为 name，二为 idNumber，其中 idNumber 作为赋值给 ID 的 number，而 self 赋值给 ID 的 person，程序如下所示。

范例程序

```
01   //unowned and unwrapped property
02   class Person {
03       let name: String
04       let id: ID!
05       init(name: String, idNumber: String) {
06           self.name = name
07           self.id = ID(number: idNumber, person: self)
08       }
09   }
10
11   class ID {
12       let number: String
13       unowned let person: Person
14
15       init(number: String, person: Person) {
16           self.number = number
17           self.person = person
18       }
19   }
20
21   var peter = Person(name: "Peter", idNumber: "123456789123456789")
22   println("\(peter.name)'s ID is \(peter.id.number)")
```

输出结果

```
Peter's ID is 123456789123456789
```

在 ID 类中 person 属于无主引用，其类型为 Person 类。构造器接收两个参数，分别是 name 和 person。这在 Person 的构造器中会启动 ID 的构造器，并将它赋值给 self.id。

此案例称为无主（unowned）与隐式解析可选属性，主要是在 Person 类中声明 id 是 "ID!"，以及在 ID 类中声明 unowned 的缘故。此方法只要建立 Person 变量 peter 后，利用 peter.id.number 就可以得到 peter 的身份证号码。

习　题

以下程序都有错误，请聪明的你帮忙查错。

（a）

```
//ARC
class Book {
    let author: String
    letbookName: String
    init(author: String, bookName: String) {
        self.author = author
        self.bookName = bookName
     }
     deinit {
         println("\(bookName) is being deinitialized")
     }
}

var bookObj1: Book
var bookObj2: Book
var bookObj3: Book

bookObj1 = Book(author: "蔡明志", bookName: "学会 Swift 程序设计的 18 堂课")
bookObj2 = bookObj1
bookObj3 = bookObj1

println("\( bookObj1!.bookName)的作者是 \( bookObj1!.author)")
println("\( bookObj2!.bookName)的作者是 \( bookObj2!.author)")
println("\( bookObj3!.bookName)的作者是 \( bookObj3!.author)")

bookObj1 = nil
bookObj2 = nil
bookObj3 = nil
```

（b）

```
//weak reference
class Person {
    let name: String
    init(name: String) {
        self.name = name
    }

    var department: Department
```

```
    deinit {
        println("\(name) is being deinitialized")
    }
}

class Department {
    let departName: String
    init(departName: String) {
        self.departName = departName
    }

    weak var director: Person
    deinit {
        println("Department of \(departName)) is being deinitialized")
    }
}

var peter: Person
var cs: Department
peter = Person(name: "Peter")
cs = Department(departName: "Computer Science")

peter.department = cs
cs!.director = peter

println("\(peter!.name) is in \(peter!.department!.departName)")
print("Director of \(peter!.department!.departName)")
println(" is \(peter!.department!.director!.name)")

peter = nil
cs = nil
```

（c）

```
//unowned reference
class Person {
    let name: String
    var insurance: CTInsurance?
    init(name: String) {
        self.name = name
    }
    deinit {
        println("\(name) is being deinitialized")
    }
}

class CTInsurance {
    let number: Int
    unowned let person: Person?

    init(number: Int, person: Person) {
```

```
            self.number = number
            self.person = person
    }
    deinit {
        println("insurance of \(number) is being deinitialized")
    }
}

var peter: Person?
peter = Person(name: "Peter")
peter.insurance = CTInsurance(number: 122789356, person: peter!)
println("name: \(peter!.name)")
println("number: \(peter!.insurance!.number)")

peter = nil
```

（d）

```
//unowned and unwrapped property
class Person {
    let name: String
    let id: ID
    init(name: String, idNumber: String) {
        self.name = name
        self.id = ID(number: idNumber, person: self)
    }
}

class ID {
    let number: String
    unowned let person: Person

    init(number: String, person: Person) {
        self.number = number
        self.person = person
    }
}

var peter = Person(name: "Peter", idNumber: "A123456789")
println("\(peter.name)'s ID is \(peter.id.number)")
```

第 14 章
可选链

可选链（optional chaining）用来查询和调用属性、方法、索引，可选项的情况有可能是 nil（空值）。若可选项的情况下包含一个值，则属性、方法或索引的调用将会是成功的，若可选项的值是 nil，则属性、方法或索引将返回 nil。多个查询可以链在一起，但若有任何一个链为 nil，将会使整个可选链调用失败。

14.1 可选链作为强制解析的方法

大家可以在想要调用属性、方法或索引时，在可选项的后面加上问号（?）来指定可选链，看看可选项是否为 nil。这与将感叹号（!）置于可选项后很相似，它用来解析其值，我们还是用范例加以说明，代码如下所示。

📋 范例程序

```
01   //optional chaining
02   class Student {
03       var dorm: Dormitory?
04   }
05
06   class Dormitory {
07       var numberOfRooms = 2
08   }
09
10   let peter = Student()
11   let rooms = peter.dorm?.numberOfRooms
12   println("Dormitory has \(rooms) rooms")
```

🔍 输出结果

```
Dormintory has nil rooms
```

上述程序表示 Student 类有一个变量 dorm，其类型为可选项类型 "Dormitory?"。而 Dormitory 类有一个变量 numberOfRooms，其初始值为 2。

注意，此时的 dorm 是 "Dormitory?" 的可选类型变量，默认值是 nil，如输出结果所示。

若将上述的 "let rooms = peter.dorm?.numberOfRooms" 改为 "let rooms = peter.dorm!.numberOfRooms" 将会产生以下的错误信息：

```
fatal error: unexpectedly found nil while unwrapping an Optional value
```

主要的原因是无对象时不可使用 "!" 强迫输出，那么应该如何修正呢？我们需要在 "let peter = Student()" 后加上 "peter.dorm = Dormitory()" 就可以了，其输出结果如下：

```
Dormitory has 2 rooms
```

完整的程序如下所示。

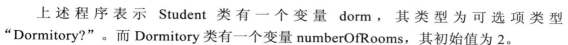 范例程序

```
01  //optional chaining
02  class Student {
03      var dorm: Dormitory?
04  }
05
06  class Dormitory {
07      var numberOfRooms = 2
08  }
09
10  let peter = Student()
11  peter.dorm = Dormitory()
12  let rooms = peter.dorm!.numberOfRooms
13  println("Dormitory has \(rooms) rooms")
```

若将上一个程序的 "let rooms = peter.dorm!.numberOfRooms" 改为 "let rooms = peter.dorm?.numberOfRooms"，则输出结果如下：

```
Dormintory has Optional(2) rooms
```

差异在于多了 Optional() 而已。

14.2 通过可选链调用属性、方法

为了解释可选链，我们将程序加以扩充，如下所示：

```
class Student {
    var dorm: Dormitory?
}

class Dormitory {
    var numberOfRooms: Int

    func printNumberOfRooms() {
        println("The number of rooms is \(numberOfRooms)")
    }
    init(numberOfRooms: Int) {
        self.numberOfRooms = numberOfRooms
    }
    var location: Location?
}

class Location {
    var dormitoryName: String?
    var street: String?
}
```

类之间的关系图如图 14-1 所示。

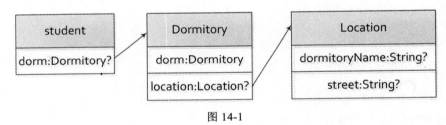

图 14-1

读者可配合此图形来了解，如何通过可选链调用属性或方法，以及多重链，以下程序都会用到上述的程序片段。

14.2.1 通过可选链调用属性

如何通过可选链调用属性，在本章的第一个范例中已大概看过了，此处以另一个方式进行说明。定义一个 peter 变量（属于 Student 类），然后判断其宿舍有多少个房间，代码如下所示。

📄 范例程序

```
01  class Student {
02      var dorm: Dormitory?
03  }
```

```
04
05  class Dormitory {
06      var numberOfRooms: Int
07
08      func printNumberOfRooms() {
09          println("The number of rooms is \(numberOfRooms)")
10      }
11      init(numberOfRooms: Int) {
12          self.numberOfRooms = numberOfRooms
13      }
14      var location: Location?
15  }
16
17  class Location {
18      var dormitoryName: String?
19      var street: String?
20  }
21
22  let peter = Student()
23  if let roomNumber = peter.dorm?.numberOfRooms {
24      println("Peter's dormitory has \(roomNumber) rooms")
25  } else {
26      println("Unabel to retrieve the number of rooms")
27  }
```

输出结果

```
Unabel to retrieve the number of rooms
```

因为可选项类型的默认值为 nil，所以判断语句为假，此时执行 else 所对应的语句，主要原因是无法得知 numberOfRooms 的属性。若将上述的程序在 if 判断语句前加上 "peter.dorm = Dormitory(numberOfRooms: 10)"，则代码如下所示：

```
let peter = Student()
peter.dorm = Dormitory(numberOfRooms: 10)
if let roomNumber = peter.dorm?.numberOfRooms {
    println("Peter's dormitory has \(roomNumber) rooms")
} else {
    println("Unabel to retrieve the number of rooms")
}
```

此时的输出结果如下：

```
Peter's dormitory has 10 rooms
```

从输出结果可以很清楚地看到，一定要指定 Dormitory 类的实例给 peter 的 dorm 属性，因为初始值为 10，所以输出结果也是 10。

14.2.2 通过可选链调用方法

看懂了如何从可选链调用属性后，那如何从可选项调用方法就很容易懂了。我们想办法调用 printNumberOfRooms 方法，此方法是输出宿舍有多少个房间 numberOfRooms 的属性。

📋 范例程序

```
01  class Student {
02      var dorm: Dormitory?
03  }
04
05  class Dormitory {
06      var numberOfRooms: Int
07
08      func printNumberOfRooms() {
09          println("The number of rooms is \(numberOfRooms)")
10      }
11      init(numberOfRooms: Int) {
12          self.numberOfRooms = numberOfRooms
13      }
14      var location: Location?
15  }
16
17  class Location {
18      var dormitoryName: String?
19      var street: String?
20  }
21
22  //call method
23  let peter = Student()
24  peter.dorm = Dormitory(numberOfRooms: 10)
25  peter.dorm!.printNumberOfRooms()
```

📋 输出结果

```
The number of rooms is 10
```

程序中最后一条语句"peter.dorm!.printNumberOfRooms()"是通过可选类型链调用 printNumberOfRooms 方法。

14.3 多重链

接下来，我们将 Location 类定义为一个实例 peterLocation，然后定义实例 peterLocation 的属性，最后将其赋值给"peter.dorm?.location"。

范例程序

```
01  class Student {
02      var dorm: Dormitory?
03  }
04
05  class Dormitory {
06      var numberOfRooms: Int
07
08      func printNumberOfRooms() {
09          println("The number of rooms is \(numberOfRooms)")
10      }
11      init(numberOfRooms: Int) {
12          self.numberOfRooms = numberOfRooms
13      }
14      var location: Location?
15  }
16
17  class Location {
18      var dormitoryName: String?
19      var street: String?
20  }
21
22  //multiple chain
23  let peter = Student()
24  peter.dorm = Dormitory(numberOfRooms: 10)
25  letpeterLocation = Location()
26  peterLocation.dormitoryName = "BigHouse Building"
27  peterLocation.street = "Hsingchang 777"
28  peter.dorm?.location = peterLocation
29
30  println(peter.dorm?.location?.dormitoryName)
31  println(peter.dorm?.location?.street)
```

📄 **输出结果**

```
BigHouse Building
Hsingchang 777
```

其中"peter.dorm?.location?.dormitoryName"与"peter.dorm.location.steet"都为所谓的多重链，有几个点代表它有几层的意思。

习　题

以下的程序都有一些错误，可否请大家一起来挑错？

（a）

```swift
//optional chaining
class Student {
    var dorm: Dormitory
}

class Dormitory {
    var numberOfRooms = 2
}

let peter = Student()
let rooms = peter.dorm!.numberOfRooms
println("Dormitory has \(rooms) rooms")
```

（b）

```swift
class Student {
    var dorm: Dormitory?
}

class Dormitory {
    var numberOfRooms: Int

    func printNumberOfRooms() {
        println("The number of rooms is \(numberOfRooms)")
    }
    init(numberOfRooms: Int){
        self.numberOfRooms = numberOfRooms
    }
    var location: Location?
}

class Location {
    var dormitoryName: String?
    var street: String?
```

```
}

let peter = Student()
peter.dorm = Dormitory()
if let roomNumber = peter.dorm?.numberOfRooms {
    println("Peter's dormitory has \(roomNumber) rooms")
} else {
    println("Unabel to retrieve the number of rooms")
}
```

（c）

```
class Student {
    var dorm: Dormitory?
}

class Dormitory {
    var numberOfRooms: Int

    func printNumberOfRooms() {
        println("The number of rooms is \(numberOfRooms)")
    }
    init(numberOfRooms: Int){
        self.numberOfRooms = numberOfRooms
    }
    var location: Location?
}

class Location {
    var dormitoryName: String?
    var street: String?
}

//multiple chain
let peter = Student()
let peterLocation = Location()
peterLocation.dormitoryName = "BigHouse Building"
peterLocation.street = "Hsingchang 777"
peter.dorm?.location = peterLocation

println(peter.dorm?.location?.dormitoryName)
println(peter.dorm?.location?.street)
```

第 15 章
类型转换与扩展

类型转换（type casting）用于检查是否为某个实例的类型，或是将类的架构作为转型使用。在 Swift 中可利用 is 和 as 运算符完成转换的事项。

扩展（extension）是在现存的类、结构或枚举中加入一些新的功能，包括可以扩展的功能：在原本的程序代码中无法访问的类型，以下我们将逐一讨论类型转换与扩展的相关内容。

15.1 检查类型

我们以范例进行说明，以下有三个类，分别为 University、Teacher 以及 Student。而 Teacher 与 Student 类都继承自 University 类，程序如下所示。

📑 范例程序

```
01    class University {
02        var name: String
03        init(name: String) {
04            self.name = name
05        }
06    }
07
08    class Teacher: University {
09        var status: String
10        init(name: String, status: String) {
11            self.status = status
12            super.init(name: name)
13        }
14    }
15
16    class Student: University {
17        var grade: String
```

```
18      init(name: String, grade: String) {
19          self.grade = grade
20          super.init(name: name)
21      }
22  }
```

在这三个类中，University 是父类，而 Teacher 和 Student 是子类，在子类中都继承父类的 name，并在子类中加上自己本身的属性，如 Teacher 子类的 status 与 Student 子类的 grade 属性。这三个类都有构造函数，用来初始化属性值。

接下来定义一个常量名 campus，其为数组的类型，包含三个 Teacher 类的实例及两个 Student 类的实例。利用 teacherObject 与 studentObject 变量累计老师和学生的实例个数。以下程序是这三个类的定义程序扩展。

📋 范例程序

```
01  //type casting
02  let campus = [
03      Teacher(name: "Nancy", status: "Professor"),
04      Teacher(name: "Peter", status: "Associated Professor"),
05      Student(name: "Carol", grade: "senior"),
06      Teacher(name: "Mary", status: "Assist Professor"),
07      Student(name: "John", grade: "sophomore")
08  ]
09
10  var teacherObject = 0
11  var studentObject = 0
12  for object in campus {
13      if object is Teacher {
14          teacherObj++
15      } else if object is Student {
16          studentObj++
17      }
18  }
19
20  println("Campus contains \(teacherObj) teachers and \(studentObj) students")
```

📋 输出结果

```
Campus contains 3 teachers and 2 students
```

程序利用 for-in 循环和 if 语句计算在 campus 数组中属于 Teacher 或 Student 类的实例。

注意，程序中利用 is 类型检查运算符（type check operator）来判断某个实例是否为某个子类类型，若是，则返回 true，否则返回 false。

15.2　向下转型

某类型的常量或变量，可能会实际引用到子类的实例。若是，则可以利用 as 类型转型运算符（type cast operator）向下转型（downcast）为子类型。

因为向下转型可能会失败，所以类型转型运算符有两个版本：

➢ 一为可选格式"as?"，因为无法明确向下转型是否成功，此格式永远会返回一个可选值或是 nil。这种方式比较保险，因为不是返回选项就是返回 nil。

➢ 另一种是强制格式 as，若能明确保证向下转型会成功，则使用此格式，但是若试图向下转型不正确的类型时，可能会出现运行时错误。

我们将上一个范例的 is 运算符改为"as?"运算符，代码如下所示。

范例程序

```
01  let campus = [
02      Teacher(name: "Nancy", status: "Professor"),
03      Teacher(name: "Peter", status: "Associated Professor"),
04      Student(name: "Carol", grade: "senior"),
05      Teacher(name: "Mary", status: "Assist Professor"),
06      Student(name: "John", grade: "sophomore")
07  ]
08
09  for object in campus {
10      if let teacher = object as? Teacher {
11          println("\(teacher.name) is \(teacher.status)")
12      } else if let student = object as? Student {
13          println("\(student.name) is a \(student.grade)")
14      }
15  }
```

输出结果

```
Nancy is Professor
Peter is Associated Professor
Carol is a senior
Mary is Assist Professor
John is a sophomore
```

因为 campus 数组中有 Teacher 和 Student 类的实例，所以这时可利用"as?"运算符。注意，若将"as?"改为 as，将会有错误产生，为什么呢？聪明的你好好思考一下吧！

15.3 对 AnyObject 和 Any 的类型转换

Swift 提供两个特定类型的别名，用于非指定类型，一为 AnyObject，用来表示任何类型的实例；二为 Any，可用于任何的类型，除了函数的类型外。

15.3.1 AnyObject

当想要定义任何类型的实例时，可以利用 AnyObject 类型来完成，如下所示。

范例程序

```
01  let campusObject: [AnyObject] = [
02      Teacher(name: "Nancy", status: "Professor"),
03      Teacher(name: "peter", status: "Associated Professor"),
04      Teacher(name: "Mary", status: "Assist Professor")
05  ]
06
07  for object in campusObject {
08  let teacher = object as Teacher
09  println("\(teacher.name) is \(teacher.status)")
10  }
```

输出结果

```
Nancy is Professor
peter is Associated Professor
Mary is Assist Professor
```

由于 campusObject 数组只含 Teacher 类的实例，所以可直接向下转型并加以解析为 Teacher 值，这时可使用 as 运算符，而不是"as?"，因为这时是以 as 运算符判断是否为某个类，所以最好不要插入 student 的对象。

也可以将上述的 for 循环简化为如下形式：

```
for object in campusObject as [Teacher] {
    println("\(object.name) is \(object.status)")
}
```

即直接在数组名后加上 as [Teacher]。

15.3.2　Any

有没有什么比 AnyObject 可定义更广的类型呢？有，那就是 Any。除了函数的类型外，可以用来建立任何类型的变量或数组。

以下的范例是建立一个以不同类型组成的名为 data 的数组，其中包含字符串、整数、浮点数、(x, y) 坐标，以及 Teacher 类，代码如下所示。

范例程序

```
01   //Any
02   var data = [Any]()
03
04   data.append("Hello Swift")
05   data.append(88.88)
06   data.append(0.0)
07   data.append(777)
08   data.append(0)
09   data.append((10, 20))
10   data.append(Teacher(name: "Linda", status: "Professor"))
11
12   for obj in data {
13       println("\(obj)")
14   }
```

输出结果

```
Hello Swift
88.88
0.0
777
0
(10, 20)
test1.Teacher
```

当我们以 for-in 循环将数组内容输出时，将得到上述输出结果，其中类输出的是"test1.Teacher"，其中 test1 是程序名，而 Teacher 表示类名称。如果需要更详细地输出上述数据所表示的事项，可以利用如下程序完成。

范例程序

```
01   var data = [Any]()
02
03   data.append("Hello Swift")
04   data.append(88.88)
05   data.append(0.0)
06   data.append(777)
```

```
07    data.append(0)
08    data.append((10, 20))
09    data.append(Teacher(name: "Linda", status: "Professor"))
10    data.append(Student(name: "John", grade: "sophomore"))
11
12    for obj in data {
13        switch obj {
14            case 0 as Int:
15                println("Zero as an Int")
16            case 0 as Double:
17                println("Zero as an Double")
18            case let someInt as Int:
19                println("An integer value of \(someInt)")
20            case let someDouble as Double:
21                println("A double value of \(someDouble)")
22            case let someString as String:
23                println("A string value of \(someString)")
24            case let (x, y) as (Int, Int):
25                println("An (x, y) point at (\(x), \(y))")
26            case let teacher as Teacher:
27                println("\(teacher.name) is a \(teacher.status)")
28            default:
29                println("something else")
30        }
31    }
```

📖 输出结果

```
A string value of Hello Swift
A double value of 88.88
Zero as an Double
An integer value of 777
Zero as an Int
An (x, y) point at (10, 20)
Nancy is a Professor
something else
```

数组中的内容可对应到 switch 的某个 case，再输出其所代表的事项是什么。

15.4 扩展

扩展（extension），顾名思义就是延伸原来没有的功能。Swift 的扩展与
Objective-C 的类别（category）类似。

15.4.1 属性的扩展

我们先从可计算属性的扩展开始，将扩展已有类型 Double，此时多了三个可计算属性，分别是 mile、km 以及 m。此程序以公里为基点，其他用来换算为公里，如以下程序所示：

```
//转换为公里
extension Double {
    var mile: Double { return self * 1.6 }
    var km: Double { return self}
    var m: Double {return self / 1000}
}
```

扩展是以 extension 关键字为开头，后接 Double 表示要扩展 Double 类型。我们定义 mile 属性为 self*1.6，此时将换算为公里数。而公尺要换算为公里时，就需要除以 1000。若本身已为公里数，则不必加以换算。

若要调用扩展的属性，需要使用点运算符，如 100.mile 表示将 100 英里换算为公里数（为 160 公里），而 100m 相当于 0.1 公里，程序如下所示。

范例程序

```
01    let oneHundredMile = 100.mile
02    println("100 miles is \(oneHundredMile) kilometer")
03
04    let oneHundredKm = 100.km
05    println("100 miles is \(oneHundredKm) kilometer")
06
07    let oneHundredMeter = 100.m
08    println("100 meters is \(oneHundredMeter) kilometer")
```

输出结果

```
100 miles is 160.0 kilometer
100 miles is 100.0 kilometer
100 meters is 0.1 kilometer
```

15.4.2 构造函数与方法的扩展

除了可扩展属性外，还可以扩展构造函数与方法。例如有一个结构 Rectangle，原来有两个属性 width 与 height。现加以扩展，增加了构造函数 init 与两个方法，分别是 getArea()与 setWidthAndHeight，程序如下所示。

范例程序

```
01  //initializer and instance method
02  struct Rectangle {
03      var width = 0.0
04      var height = 0.0
05  }
06
07  extension Rectangle {
08      //initialization
09      init(width2: Double, height2: Double) {
10          width = width2
11          height = height2
12      }
13      //instant method
14      func getArea() -> Double {
15          return width * height
16      }
17      //mutating instance method
18      mutating func setWidthAndHeight(width: Double, height: Double) {
19          self.width = width
20          self.height = height
21      }
22  }
23
24  var obj = Rectangle(width: 10, height: 20)
25  println("width: \(obj.width), height: \(obj.height)")
26  let objArea = obj.width * obj.height
27  println("area: \(objArea)")
28  obj.setWidthAndHeight(11, height: 21)
29  let objArea2 = obj.width * obj.height
30  println("area: \(objArea2)")
```

输出结果

```
width: 10.0, height: 20.0
area: 200.0
area: 231.0
```

由于 setWidthAndHeight 方法会更改参数值，所以需要设置此方法为 mutating，否则会产生错误信息。

还有一个更有趣的范例，代码如下所示。

📑 范例程序

```
01   extension Int {
02       mutating func cube() {
03           self = self * self * self
04       }
05   }
06   var intObj = 5
07   intObj.cube()
08   println("5*5*5 = \(intObj)")
```

📑 输出结果

```
5*5*5 = 125
```

我们扩展 Int 的实例方法，此方法称为 cube()，由于它会更改 self，所以应加上 mutating 关键字，并将最后运算的结果赋值给 self，此 self 相当于范例程序中的 intObj，所以输出 intObj 就可知其结果。

15.4.3 索引的扩展

索引也可以扩展，只要调用 subscript 方法即可，此方法包含一个参数，并返回一个 Int，代码如下所示。

📑 范例程序

```
01   //subscript
02   extension Int {
03       subscript(index: Int) -> Int {
04           var base = 1
05           for var i=1; i<=index; i++ {
06               base *= 10
07           }
08           return (self / base) % 10
09       }
10   }
11
12   println(123456789[0])
13   println(123456789[1])
14   println(123456789[2])
15   println(123456789[8])
16   println(123456789[9])
```

📑 输出结果

```
9
8
7
1
0
```

上述程序是先将 base 设为 1，接着利用 for 循环求出最终的 base，每一次 base 将会乘以 10，直到 i 小于等于 index 为止。例如 index 为 1，则 base 的结果将为 10，之后将 self 值除以 base，再除以 10 取其余数。例如 123456789[1]，表示 self 值为 123456789，index 为 1，base 为 10，最后的结果将会是 8，从输出结果中可得以验证。注意，调用的本身就是 self。

习　题

1. 下列的程序都会出现一些错误，请你帮忙查错，顺便增强一下程序调试的能力。

（a）

```
class University {
    var name: String
    init(name: String) {
        self.name = name
    }
}

class Teacher: University {
    var status: String
    init(name: String, status: String) {
        self.status = status
        super.init(name: name)
    }
}

class Student: University {
    var grade: String
    init(name: String, grade: String) {
        self.grade = grade
        super.init(name: name)
    }
}

let campus = [
    Teacher(name: "Nancy", status: "Professor"),
    Teacher(name: "Peter", status: "Associated Professor"),
```

```
        Student(name: "Carol", grade: "senior"),
        Teacher(name: "Mary", status: "Assist Professor"),
        Student(name: "John", grade: "sophomore")
]

for object in campus {
    if let teacher = object as Teacher {
        println("\(teacher.name) is \(teacher.status)")
    } else if let student = object as Student {
        println("\(student.name) is a \(student.grade)")
    }
}
```

（b）

```
class University {
    var name: String
    init(name: String) {
        self.name = name
    }
}

class Teacher: University {
    var status: String
    init(name: String, status: String) {
        self.status = status
        super.init(name: name)
    }
}

class Student: University {
    var grade: String
    init(name: String, grade: String) {
        self.grade = grade
        super.init(name: name)
    }
}

let campusObject: [AnyObject] = [
    Teacher(name: "Nancy", status: "Professor"),
    Teacher(name: "peter", status: "Associated Professor"),
    Teacher(name: "Mary", status: "Assist Professor"),
    Student(name: "John", grade: "sophomore")
]

for object in campusObject {
    let teacher = object as? Teacher
    println("\(teacher.name) is \(teacher.status)")
}
```

（c）

```
var data = [Any]()

data.append("Hello Swift")
data.append(88.88)
data.append(0.0)
data.append(777)
data.append(0)
data.append((10, 20))
data.append(Teacher(name: "Linda", status: "Professor"))

for obj in data {
    switch obj {
        case 0 as Int:
            println("Zero as an Int")
        case 0 as Double:
            println("Zero as an Double")
        case let someInt as Int:
            println("An integer value of \(someInt)")
        case someDouble as Double:
            println("A double value of \(someDouble)")
        case someString as String:
            println("A string value of \(someString)")
        case let (x, y) as (Int, Int):
            println("An (x, y) point at (\(x), \(y))")
        case teacher as Teacher:
            println("\(teacher.name) is a \(teacher.status)")
    }
}
```

（d）

```
//initializer and instance method
struct Rectangle {
    var width = 0.0
    var height = 0.0
}

extension Rectangle {
    init(width2: Double, height2: Double) {
        width = width2
        height = height2
    }

    func getArea() ->Double {
        return width * height
    }

    func setWidthAndHeight(width: Double, height: Double) {
```

```
        self.width = width
        self.height = height
    }
}

var obj = Rectangle(width=10, height=20)
println("width: \(obj.width), height: \(obj.height)")
let objArea = obj.width * obj.height
println("area: \(objArea)")
obj.setWidthAndHeight(11, 21)
let objArea2 = obj.width * obj.height
println("area: \(objArea2)")
```

（e）

```
extension Int {
    func cube() {
        self = self * self * self
    }
}
var intObj = 5
intObj.cube()
println("5*5*5 = \(intObj)")
```

2. 试问下列程序的输出结果。

```
extension Int {
    func repeatprint(something: () -> ()) {
        for _ in 0..<self {
            something()
        }
    }
}

5.repeatprint({
println("learning Swift now")
})
```

第16章
协议

协议（protocol）通过定义方法、属性来完成某一项任务的蓝图。协议本身没有提供任何具体的实现，仅描述实现的"外衣"而已。类、结构或枚举可以采纳（adopt）此协议，然后提供其真正实现的本体。任何类型满足协议的需求都称之为遵守（conform）此协议。

protocol 的语法如下所示：

```
protocol protocolName {
    // protocol 的定义
}
```

以 protocol 为关键字，接着是协议的名称，再定义协议，注意它只是定义，没有加以实现。以下我们将从属性的需求开始，继而讨论方法的需求、作为类型的协议、协议的继承、协议的组合、检查是否遵守协议，以及选择性协议的需求等。

16.1 属性的协议

协议可用来提供特定名称、类型的实例属性（instance property）或是类型属性（type property），但无法指定属性是存储型属性或是计算型属性。

若协议的属性具有设置（setter）与获得（getter）的属性，此时不可以为常量的存储类型或是只读的计算类型。若是只含有获得的属性，则任何类型的属性都可以满足。

属性的协议大多声明为变量的属性，所以前面会有 var 关键字。类型声明后，以 get、set 分别表示获得和设置的属性。例如以下代码，我们定义一个协议，名称为 EnglishName，内有一个变量属性 name，其类型为字符串，并具有设置与获得的属性。

我们以一个范例进行说明。

📑 范例程序

```
01   //property requirement
```

```
02    protocol EnglishName {
03        var name: String {get set}
04    }
05
06    struct Person: EnglishName {
07        var name: String
08    }
09
10    var someone = Person(name: "Bright")
11    println(someone.name)
12
13    someone.name = "Linda"
14    println(someone.name)
```

📑 输出结果

```
Bright
Linda
```

其中协议内的 name 为 String 类型的变量，而且具有 getter 与 setter 的属性。若只有{get}，则表示它只有获得的属性。

程序中 struct 结构中的 name 属于实例属性，必须以类的对象调用，例如程序中我们以 someone 对象调用 name 实例属性。

再列举一个比较复杂的范例，代码如下所示。

📑 范例程序

```
01    protocol Name {
02        var companyname: String {get}
03    }
04
05    class Company: Name {
06        var attribute: String?
07        var name: String
08        init(name: String, attribute: String? = nil) {
09            self.name = name
10            self.attribute = attribute
11        }
12
13        var companyname: String {
14            return "\(name): " + "\(attribute!)"
15        }
16    }
```

```
17
18    var iPhoneObj = Company(name: "GoTop Co.", attribute: "SWift programming")
19    println(iPhoneObj.companyname)
```

输出结果

```
GoTop Co.: SWift programming
```

结构 Company 采纳 Name 协议，在 companyname 属性中返回一个字符串。

16.2　方法的协议

方法的协议比属性的协议用得更多。方法的协议只是一个方法的雏形（或称为蓝图）而已，当某一类、结构或枚举采纳了此方法的协议后，必须实现此雏形的主体，也就是说大家的接口一样，但可以实现自己的主体内容。现假设有一个协议的方法 **getArea**，其定义如下：

```
//method requirement
protocol Area {
    func getArea() -> Double
}
```

接着有一个类采纳此协议，因此在此类中实现此方法，返回此圆形面积，代码如下所示。

范例程序

```
01    protocol Area {
02        func getArea() -> Double
03    }
04
05    struct Circle: Area {
06        var radius = 0.0
07        init(radius: Double) {
08            self.radius = radius
09        }
10        func getArea() -> Double {
11            return radius * radius * 3.14159
12        }
13    }
14
15    let circleObject = Circle(radius: 10.0)
16    println("圆形面积: \(circleObject.getArea())")
```

圆形面积：314.159

类中有一个构造函数将圆的半径设为 10，使得目前的 radius 属性数据值为 10。

若是方法的协议更改了参数值，则必须加上 mutating 关键字。例如在上一范例中，若将构造函数要做的事情直接在 getArea 方法中加以设置，则代码如下所示：

```
//using mutating
protocol Area {
    mutating func getArea(r: Double) -> Double
}
```

在此方法的协议中，有一个参数 r，它将此参数值赋值给属性 radius，再计算圆形面积，代码如下所示。

范例程序

```
01  protocol Area {
02      mutating func getArea(r: Double) -> Double
03  }
04
05  //struct not a class
06  struct Circle: Area {
07      var radius = 0.0
08      mutating func getArea(r: Double) -> Double {
09          radius = r
10          return radius * radius * 3.14159
11      }
12  }
13
14  //circleObject must be a var
15  var circleObject = Circle()
16  println("圆形面积: \(circleObject.getArea(10))")
```

输出结果

圆形面积：314.159

与上一范例的区别在于：建立 circleObject 变量时，由于没有构造函数，所以在调用 getArea 方法时必须给予一个参数，此参数用来设置圆的半径值，因此要将此方法设为 mutating。circleObject 必须是变量名，因为此变量的属性有改变。

注意，以上两个范例是以结构表示的。由于结构和枚举属于值类型，所以不可以改变方法的参数值，除非已加上 mutating。但在类中就不必有 mutating 的关键字，因为它是引用类型，所以可以修改参数值。

若将上一范例改为类，则在类中虽然继承了有 mutating 的方法协议，但不可以在类中加上 mutating，因为 mutating 只用于结构，程序如下。

范例程序

```
01  protocol Area {
02      mutating func getArea(r: Double) -> Double
03  }
04
05  //class not a struct
06  class Circle: Area {
07      var radius = 0.0
08      func getArea(r: Double) -> Double {
09          radius = r
10          return radius * radius * 3.14159
11      }
12  }
13
14  var circleObject = Circle()
15  println("圆形面积: \(circleObject.getArea(10))")
```

输出结果同上，若使用的是类而不是结构的话，则可以将方法协议中的 mutating 去掉。

16.3 作为类型的协议

方法的协议也可以作为数据的类型使用，让我们以范例程序来加以说明。

范例程序

```
01  //protocol as type
02  protocol Area {
03      func getArea(r: Double) -> Double
04  }
05
06  class Circle: Area {
07      var radius = 0.0
08      func getArea(r: Double) -> Double {
09          radius = r
10          return radius * radius * 3.14159
11      }
```

```
12        }
13
14        class Cylinder {
15            var height: Int
16            var calculateVolume: Area
17            init(height: Int, calculateVolume: Area) {
18                self.height = height
19                self.calculateVolume = calculateVolume
20            }
21            func volume() -> Double {
22                return calculateVolume.getArea(10.0) * Double(height)
23            }
24        }
25
26        let cylinderObject = Cylinder(height: 10, calculateVolume: Circle())
27        println(cylinderObject.volume())
```

📳 输出结果

```
3141.59
```

此范例定义了一个方法协议，名为 Area，类 Circle 采纳此协议，并在 Cylinder 类中有一个属性 calculateVolume，以此协议为其类型。接下来，就可以使用此属性调用方法协议，如 calculateVolume.getArea(10.0)。语句 " let cylinderObject = Cylinder(height: 10, calculateVolume: Circle()) " 将 calculateVolume 的类型设置为 Circle()，所以 calculateVolume.getArea(10.0) 相当于计算圆形的面积。之后再执行 "println(cylinderObject.volume())" 调用 volume()方法，以计算圆柱体的体积。

16.4 协议以扩展方式加入

我们也可以将协议以扩展的方式加入到类或结构中，范例如下所示。

📳 范例程序

```
01        //extension
02        protocol Description {
03            func information() -> String
04        }
05
06        protocol Area {
07            func getArea(r: Double) -> Double
```

```
08        }
09
10    class Circle: Area {
11        var radius = 0.0
12        func getArea(r: Double) -> Double {
13            radius = r
14            return radius * radius * 3.14159
15        }
16    }
17
18    class Cylinder {
19        var height: Int
20        var calculateVolume: Area
21        init(height: Int, calculateVolume: Area) {
22            self.height = height
23            self.calculateVolume = calculateVolume
24        }
25        func volume() -> Double {
26            return calculateVolume.getArea(10.0) * Double(height)
27        }
28    }
29
30    extension Cylinder: Description {
31        func information() -> String {
32            return "Voluem of Cylinder:"
33        }
34    }
35
36    let cylinderObject2 = Cylinder(height: 10, calculateVolume: Circle())
37    println(cylinderObject2.information())
38    println(cylinderObject2.volume())
39    println()
```

📑 输出结果

```
Voluem of Cylinder:
3141.59
```

有一个协议称为 Description，其为 information()方法的雏形，代码如下所示：

```
protocol Description {
    func information() -> String
}
```

我们将 Cylinder 类加以扩展，代码如下所示：

```
extension Cylinder: Description {
    func information() -> String {
        return "Voluem of Cylinder:"
    }
}
```

上述代码定义了 information() 方法的主体，它返回一个字符串。这样做的好处是我们不需要再修改 Cylinder 类的数据，这在维护上是非常重要的。

16.5 协议的继承

协议也可以继承，以下程序有一个协议 Description，代码如下所示：

```
protocol Description {
    func information() -> String
}
```

之后又定义协议 FullyDescription，其继承协议 Description，称为协议继承（protocol inheritance），如下所示：

```
protocol FullyDescription: Description {
    func fullyinformation() -> String
}
```

我们利用 extension 来扩展 Cylinder 类，因此分别定义了 information()方法与 fullyinformation()方法，完整的程序如下所示。

📑 范例程序

```
01  protocol Description {
02      func information() -> String
03  }
04
05  class Cylinder {
06      var height: Int
07      init(height: Int) {
08          self.height = height
09      }
10  }
11
12  extension Cylinder: Description {
13      func information() -> String {
14          return "Voluem of Cylinder:"
```

```
15          }
16      }
17  protocol FullyDescription: Description {
18      func fullyinformation() -> String
19  }
20
21  extension Cylinder: FullyDescription {
22      func fullyinformation() -> String {
23          var output = information()
24          output += " A"
25          return output
26      }
27  }
28  let cylinderObject3 = Cylinder(height: 20)
29  println(cylinderObject3.information())
30  println(cylinderObject3.fullyinformation())
31  println()
```

📑 输出结果

```
Voluem of Cylinder:
Voluem of Cylinder: A
```

在 Cylinder 类的 fullyinformation()方法中调用 information() 方法，将结果赋值给 output 字符串变量，最后将 output 字符串加上 A 后加以输出。程序定义了 cylinderObject3，之后以此对象调用 infromation()方法和 fullyinformation()方法。

16.6 协议的组合

若一个类型要一次遵守多个协议时，可以利用协议组合（protocol composition）进行设置。协议组合的格式如下：

protocol<Someprotocol, Anotherprotocol>

在 "<" 括号中将多个协定以逗号隔开。

我们列举一个范例程序来进行说明，代码如下所示。

📑 范例程序

```
01  //protocol composition
02  protocol Named {
03      var name: String {set get}
04  }
```

```
05
06    protocol Department {
07        var department: String {set get}
08    }
09
10    struct Person: Named, Department {
11        var name: String
12        var department: String
13    }
14
15    func status(who: protocol<Named, Department>) {
16        println("\(who.name) majors in \(who.department)")
17    }
18
19    let whoAmI = Person(name: "Jennifer", department: "foreign language")
20    status(whoAmI)
21    println()
```

输出结果

```
Jennifer majors in foreign language
```

结构 Person 采纳 Named 与 Department 协议，而 status 函数中的参数使用到协议组合 <Named, Department>。定义一个结构 Person 的常量名为 whoAmI，再将 whoAmI 作为 status 的参数。

16.7 检查是否遵守协议

接下来我们将讨论如何检查实例是否遵守协议，有三种运算符可以使用：is 运算符用于判断实例是否遵守协议，若是，则返回 true，否则返回 false；"as?" 运算符用于判断实例是否遵守协议，若遵守协议，则返回可选值，否则返回 nil；而 as 运算符和 "as?" 相似，若没遵守协议，则在运行时会产生错误。

范例程序

```
01    //checking for protocol conformance
02    @objc protocol GetArea {
03        var area: Double {get}
04    }
05
06    class Circle: GetArea {
07        var radius: Double
```

```
08        init(radius: Double) {
09            self.radius = radius
10        }
11        var area: Double {
12            return radius * radius * 3.14159
13        }
14    }
15
16
17    class Rectangle: GetArea {
18        var width: Double
19        var height: Double
20        init(width: Double, height: Double) {
21            self.width = width
22            self.height = height
23        }
24        var area: Double {
25            return width * height
26        }
27    }
28
29
30    class What {
31        var message: String
32        init(message: String) {
33            self.message = message
34        }
35    }
36
37    let objects: [AnyObject] = [
38        Circle(radius: 20.0),
39        Rectangle(width:10, height: 20),
40        What(message: "I Want to buy iPhone 6")
41    ]
42
43    for object in objects{
44        println(object is GetArea)
45    }
46
47    for object in objects {
48        if let objectArea = object as? GetArea {
49            println("面积为: \(objectArea.area)")
50        } else {
```

247

```
51          println("此对象无计算面积方法")
52      }
53  }
```

📑 **输出结果**

```
true
true
false
面积为：1256.636
面积为：200.0
此对象无计算面积方法
```

"@objc"用来表示协议是可选的，也可以用来表示暴露给 Objective-C 的代码，此外，"@objc"型协议只对类有效，因此只能在类中检查协议的一致性。

习　题

以下程序都有一些错误，请你加以调试，顺便检验一下大家的程序设计能力。

（a）

```
protocol EnglishName {
    var name: String
}

struct Person: EnglishName {
    var name: String
}

var someone = Person(name: "Peter")
println(someone.name)

someone.name = "Nancy"
println(someone.name)
```

（b）

```
protocol Area {
    mutating func getArea(r: Double) -> Double
}

//struct not a class
struct Circle: Area {
    var radius = 0.0
    func getArea(r: Double) -> Double {
        radius = r
        return radius * radius * 3.14159
```

```
    }
}

let circleObject = Circle()
println("圆形面积: \(circleObject.getArea(10))")
```

（c）

```
protocol Area {
    mutating func getArea(r: Double) -> Double
}

//class not a struct
class Circle: Area {
    var radius = 0.0
    mutating func getArea(radius: Double) -> Double {
        self.radius = radius
        return radius * radius * 3.14159
    }
}

var circleObject = Circle()
println("圆形面积: \(circleObject.getArea(10))")
```

（d）

```
//protocol composition
protocol Named {
    var name: String {setget}
}

protocol Department {
    var department: String {setget}
}

struct Person {
    var name: String
    var department: String
}

func status(who: Person) {
    println("\(who.name) majors in \(who.department)")

}

let whoAmI = Person(name: "Jennifer", department: "foreign language")
status(whoAmI)
println()
```

（e）

```
//checking for protocol conformance
protocol GetArea {
    var area: Double {get}
}

class Circle: GetArea {
    var radius: Double
    init(radius: Double) {
        self.radius = radius
    }
    var area: Double {
        return radius * radius * 3.14159
    }
}


class Rectangle: GetArea {
    var width: Double
    var height: Double
    init(width: Double, height: Double) {
        self.width = width
        self.height = height
    }
    var area: Double {
        return width * height
    }
}


class What {
    var message: String
    init(message: String) {
        self.message = message
    }
}

let objects: [AnyObject] = [
    Circle(radius: 20.0),
    Rectangle(width:10, height: 20),
    What(message: "I Want to buy an iPhone 6")
]

for object in objects{
    println(object isGetArea)
}

for object in objects {
    if let objectArea = object asGetArea {
        println("面积为: \(objectArea.area)")
    } else {
```

```
        println("此对象无计算面积方法")
    }
}
```

第 17 章
泛型

泛型（generic）程序，可使程序更具灵活性（flexible），并且可重用（reuse）。我们将从没有使用泛型类型的范例谈起，从中了解其缺点后，再使用泛型类型来改善其缺点，最后讨论类型的限制及关联类型。

17.1 泛型类型

为了说明泛型类型的好处及重要性，下面我们列举一些范例（如两数对调、队列的运行以及气泡排序法）来探讨同一问题在不同类型的情况下的解决方法。先从前面已谈过的两数对调说起。

17.1.1 两数对调

两数对调已在前面的函数章节中讨论过，程序如下所示。

📄 范例程序

```
01    //swap two integer numbers
02    func swapInts(inout a: Int, inout b: Int) {
03    let temp = a
04        a = b
05        b = temp
06    }
07
08    var oneInt = 100
09    var anotherInt = 200
10    println("Before swapped: ")
11    println("oneInt = \(oneInt), anotherInt = \(anotherInt) ")
12    swapInts(&oneInt, &anotherInt)
13    println("After swapped: ")
14    println("oneInt = \(oneInt), anotherInt = \(anotherInt) ")
```

📄 **输出结果**

```
Before swapped:
oneInt = 100, anotherInt = 200
After swapped:
oneInt = 200, anotherInt = 100
```

　　上述程序是将两个整数对调，其中实参 oneInt 与 anotherInt 都加上 "&"，表示其为引用的形式，而在形参 a 与 b 前加上 inout 关键字，表示此参数可以更改。若想要对调的不是整数，而是字符串时，则必须再编写另一程序，如下所示。

📝 **范例程序**

```
01   //swap two strings
02   func swapStrings(inout a: String, inout b: String) {
03   let temp = a
04       a = b
05       b = temp
06   }
07
08   var oneString = "Hello"
09   var anotherString = "Swift"
10   println("Before swapped: ")
11   println("oneString = \(oneString), anotherString = \(anotherString) ")
12   swapStrings(&oneString, &anotherString)
13   println("After swapped: ")
14   println("oneString = \(oneString), anotherString = \(anotherString) ")
```

📄 **输出结果**

```
Before swapped:
oneString = Hello, anotherString = Swift
After swapped:
oneString = Swift, anotherString = Hello
```

　　通过输出可以发现程序中只有将 Int 改为 String 而已，其余的步骤都是相同的。同理，若想要对调两个 double 的浮点数时，势必又要编写一个程序，程序如下所示。

📝 **范例程序**

```
01   //swap two double numbers
02   func swapDoubles(inout a: Double, inout b: Double) {
03   let temp = a
04       a = b
```

```
05        b = temp
06    }
07
08    var oneDouble = 123.456
09    var anotherDouble = 654.321
10    println("Before swapped: ")
11    println("oneInt = \(oneDouble), anotherInt = \(anotherDouble) ")
12    swapDoubles(&oneDouble, &anotherDouble)
13    println("After swapped: ")
14    println("oneInt = \(oneDouble), anotherInt = \(anotherDouble) ")
```

输出结果

```
Before swapped:
oneInt = 123.456, anotherInt = 654.321
After swapped:
oneInt = 654.321, anotherInt = 123.456
```

同样的道理，只是将数据类型改为 Double 而已。我们从两数对调的范例程序可知，明明只是类型不同而已，但却要重新编写程序，这不太符合经济效益。此问题的解决方式是使用所谓的泛型类型函数，程序如下所示。

范例程序

```
01    //swap using generic function
02    func swapData<T>(inout a: T, inout b: T) {
03    let temp = a
04        a = b
05        b = temp
06    }
07
08    var oneInt = 100
09    var anotherInt = 200
10    println("Before swapped: ")
11    println("oneInt = \(oneInt), anotherInt = \(anotherInt) ")
12    swapData(&oneInt, &anotherInt)
13    println("After swapped: ")
14    println("oneInt = \(oneInt), anotherInt = \(anotherInt) ")
15
16    var oneString = "Hello"
17    var anotherString = "Swift"
18    println("Before swapped: ")
19    println("oneInt = \(oneString), anotherInt = \(anotherString) ")
20    swapData(&oneString, &anotherString)
21    println("After swapped: ")
```

```
22 |    println("oneInt = \(oneString), anotherInt = \(anotherString) ")
23 |
24 |    var oneDouble = 123.456
25 |    var anotherDouble = 654.321
26 |    println("Before swapped: ")
27 |    println("oneInt = \(oneDouble), anotherInt = \(anotherDouble) ")
28 |    swapData(&oneDouble, &anotherDouble)
29 |    println("After swapped: ")
30 |    println("oneInt = \(oneDouble), anotherInt = \(anotherDouble) ")
```

输出结果同上。

我们接着来看有关两个数据的对调函数，首先是两个整数的对调函数：

```
func swapInts(inout a: Int, inout b: Int) {
let temp = a
    a = b
    b = temp
}
```

第二个是两个字符串的对调函数：

```
func swapStrings(inout a: String, inout b: String) {
let temp = a
    a = b
    b = temp
}
```

最后是两个 Double 浮点数的对调函数：

```
func swapDoubles(inout a: Double, inout b: Double) {
let temp = a
    a = b
    b = temp
}
```

看完上述三个对调函数后，你有没有觉得处理的方式是一样的，但却要写三个程序，很麻烦呢？其解决的方式是以泛型类型函数表示，代码如下所示。

```
func swapData<T>(inout a: T, inout b: T) {
let temp = a
    a = b
    b = temp
}
```

编写成泛型类型函数的步骤是：先将不一样的地方画出，然后以 T 表示，并且在函数名称后加上<T>就大功告成了。其中 T 是用户命名的，当然也可以取别的名称。之后我们将两个整数、两个字符串，以及两个浮点数加以对调，结果都是相同的。

17.1.2 队列的运行

下面我们来看有关队列的运行。队列（queue）和栈（stack）是数据结构中的重要主题，在此仅以队列为例，而栈就作为习题。

队列就是排队，先来的任务先服务，所以下面程序的 push 表示将被服务的对象加入到队列，利用 append 方法完成，而 pop 表示被服务的对象出队，利用 removeAtIndex(0)方法完成，程序如下所示。

范例程序

```
01  //queue of integer data type
02  struct QueueInt {
03      var items = [Int]()
04      mutating func push(item: Int) {
05          items.append(item)
06      }
07      mutating func pop() -> Int {
08          return items.removeAtIndex(0)
09      }
10  }
11
12  var queueOfInt = QueueInt()
13  queueOfInt.push(100)
14  queueOfInt.push(200)
15  queueOfInt.push(300)
16  queueOfInt.push(400)
17  queueOfInt.push(500)
18  println("Queue has following elements: ")
19  for i in queueOfInt.items {
20      print("\(i) ")
21  }
22  println()
```

输出结果

```
Queue has following elements:
100 200 300 400 500
```

将 5 个元素加入到队列中，接着调用 pop 方法，表示有一元素将出队，此元素就是排在队列最前面的，代码如下所示：

```
queueOfInt.pop()
println("Queue has following elements: ")
```

```
for i in queueOfInt.items {
    print("\(i) ")
}
println()
```

此时输出的结果如下：

```
Queue has following elements:
200 300 400 500
```

紧接着是再调用 **pop** 两次，代码如下所示：

```
queueOfInt.pop()
queueOfInt.pop()
println("Queue has following elements: ")
for i in queueOfInt.items {
    print("\(i) ")
}
println()
```

此时的输出结果如下：

```
Queue has following elements:
400 500
```

最后将调用 **push** 方法，将 600 加入到队列中，其程序如下所示：

```
queueOfInt.push(600)
println("Queue has following elements: ")
for i in queueOfInt.items {
    print("\(i) ")
}
println()
```

而输出结果如下：

```
Queue has following elements:
400 500 600
```

同样，若是加入和删除元素的数据类型是 Double 时，则程序如下。

📑 **范例程序**

```
01    //queue of Double data type
02    struct QueueDouble {
03        var items = [Double]()
04        mutating func push(item: Double) {
```

```
05          items.append(item)
06      }
07      mutating func pop() ->Double {
08          return items.removeAtIndex(0)
09      }
10  }
11
12  var queueOfDouble = QueueDouble()
13  queueOfDouble.push(11.1)
14  queueOfDouble.push(22.2)
15  queueOfDouble.push(33.3)
16  queueOfDouble.push(44.4)
17  queueOfDouble.push(55.5)
18  println("Queue has following elements: ")
19  for i in queueOfDouble.items {
20      print("\(i) ")
21  }
22  println()
23
24  queueOfDouble.pop()
25  println("Queue has following elements: ")
26  for i in queueOfDouble.items {
27      print("\(i) ")
28  }
29  println()
30
31  queueOfDouble.pop()
32  queueOfDouble.pop()
33  println("Queue has following elements: ")
34  for i in queueOfDouble.items {
35      print("\(i) ")
36  }
37  println()
38
39  queueOfDouble.push(66.6)
40  println("Queue has following elements: ")
41  for i in queueOfDouble.items {
42      print("\(i) ")
43  }
44  println()
```

输出结果

```
Queue has following elements:
11.1 22.2 33.3 44.4 55.5
```

```
Queue has following elements:
22.2 33.3 44.4 55.5
Queue has following elements:
44.4 55.5
Queue has following elements:
44.4 55.5 66.6
```

最后，若加入和删除元素的数据类型是 String 时，则程序如下。

范例程序

```
01 │ //queue of string data type
02 │ struct QueueString {
03 │     var items = [String]()
04 │     mutating func push(item: String) {
05 │         items.append(item)
06 │     }
07 │     mutating func pop() -> String {
08 │         return items.removeAtIndex(0)
09 │     }
10 │ }
11 │
12 │ var queueOfString = QueueString()
13 │ queueOfString.push("Peter")
14 │ queueOfString.push("Mary")
15 │ queueOfString.push("John")
16 │ queueOfString.push("Amy")
17 │ queueOfString.push("Jennifer")
18 │ println("Queue has following elements: ")
19 │ for i in queueOfString.items {
20 │     print("\(i) ")
21 │ }
22 │ println()
23 │
24 │ queueOfString.pop()
25 │ println("Queue has following elements: ")
26 │ for i in queueOfString.items {
27 │     print("\(i) ")
28 │ }
29 │ println()
30 │
31 │ queueOfString.pop()
32 │ queueOfString.pop()
33 │ println("Queue has following elements: ")
34 │ for i in queueOfString.items {
```

```
35        print("\(i) ")
36    }
37    println()
38
39    queueOfString.push("Bright")
40    println("Queue has following elements: ")
41    for i in queueOfString.items {
42        print("\(i) ")
43    }
44    println()
```

📑 **输出结果**

```
Queue has following elements:
Peter Mary John Amy Jennifer
Queue has following elements:
Mary John Amy Jennifer
Queue has following elements:
Amy Jennifer
Queue has following elements:
Amy Jennifer Bright
```

现在，我们可以将上述三个队列运行于不同类型的程序中，从而找出不同的地方，然后以泛型类型表示，代码如下所示。

```
//generic type
struct Queue<T> {
    var items = [T]()
    mutating func push(item: T) {
        items.append(item)
    }
    mutating func pop() -> T {
        return items.removeAtIndex(0)
    }
}
```

类似于这样的形式，我们可以称之为泛型类型的结构，当然也可以用于类。完整的程序如下所示。

📥 **范例程序**

```
01    //generic type
02    struct Queue<T> {
03        var items = [T]()
04        mutating func push(item: T) {
```

```
05        items.append(item)
06      }
07      mutating func pop() -> T {
08          return items.removeAtIndex(0)
09      }
10  }
11
12  var queueOfInt = Queue<Int>()
13  queueOfInt.push(100)
14  queueOfInt.push(200)
15  queueOfInt.push(300)
16  queueOfInt.push(400)
17  queueOfInt.push(500)
18  println("Queue has following elements: ")
19  for i in queueOfInt.items {
20      print("\(i) ")
21  }
22  println()
23
24  queueOfInt.pop()
25  println("Queue has following elements: ")
26  for i in queueOfInt.items {
27      print("\(i) ")
28  }
29  println()
30
31  queueOfInt.pop()
32  queueOfInt.pop()
33  println("Queue has following elements: ")
34  for i in queueOfInt.items {
35      print("\(i) ")
36  }
37  println()
38
39  queueOfInt.push(600)
40  println("Queue has following elements: ")
41  for i in queueOfInt.items {
42      print("\(i) ")
43  }
44  println()
45
46  var queueOfDouble = Queue<Double>()
47  queueOfDouble.push(11.1)
```

```
48    queueOfDouble.push(22.2)
49    queueOfDouble.push(33.3)
50    queueOfDouble.push(44.4)
51    queueOfDouble.push(55.5)
52    println("\nQueue has following elements: ")
53    for i in queueOfDouble.items {
54        print("\(i) ")
55    }
56    println()
57
58    queueOfDouble.pop()
59    println("Queue has following elements: ")
60    for i in queueOfDouble.items {
61        print("\(i) ")
62    }
63    println()
64
65    queueOfDouble.pop()
66    queueOfDouble.pop()
67    println("Queue has following elements: ")
68    for i in queueOfDouble.items {
69        print("\(i) ")
70    }
71    println()
72
73    queueOfDouble.push(600)
74    println("Queue has following elements: ")
75    for i in queueOfDouble.items {
76        print("\(i) ")
77    }
78    println()
79
80    var queueOfString = Queue<String>()
81    queueOfString.push("Peter")
82    queueOfString.push("Mary")
83    queueOfString.push("John")
84    queueOfString.push("Amy")
85    queueOfString.push("Jennifer")
86    println("\nQueue has following elements: ")
87    for i in queueOfString.items {
88        print("\(i) ")
89    }
90    println()
```

```
 91
 92    queueOfString.pop()
 93    println("Queue has following elements: ")
 94    for i in queueOfString.items {
 95        print("\(i) ")
 96    }
 97    println()
 98
 99    queueOfString.pop()
100    queueOfString.pop()
101    println("Queue has following elements: ")
102    for i in queueOfString.items {
103        print("\(i) ")
104    }
105    println()
106
107    queueOfString.push("Bright")
108    println("Queue has following elements: ")
109    for i in queueOfString.items {
110        print("\(i) ")
111    }
112    println()
```

📑 输出结果

```
Queue has following elements:
100 200 300 400 500
Queue has following elements:
200 300 400 500
Queue has following elements:
400 500
Queue has following elements:
400 500 600

Queue has following elements:
11.1 22.2 33.3 44.4 55.5
Queue has following elements:
22.2 33.3 44.4 55.5
Queue has following elements:
44.4 55.5
Queue has following elements:
44.4 55.5 600.0

Queue has following elements:
Peter Mary John Amy Jennifer
Queue has following elements:
```

```
Mary John Amy Jennifer
Queue has following elements:
Amy Jennifer
Queue has following elements:
Amy Jennifer Bright
```

至此，相信大家对泛型类型应有一定的了解了，以下我们将继续讨论其他主题。

17.2 类型约束

在处理泛型时，有时需要加入一些条件才能处理，称之为类型约束（type constraint）。我们将用两个范例来加以解释说明。

17.2.1 查找某个值位于数组中的位置

以下是查找某个字符串位于字符串数组中的位置，其部分程序代码如下：

```
func searchData(array: [String], valueToSearch: String) -> Int? {
    for (index, value) in enumerate(array) {
        if value == valueToSearch {
            return index
        }
    }
    return nil
}
```

其中："for (index, value) in enumerate(array) {"语句在 for 循环中的 array 数组名前加上 enumerate，以及在 for 后面加上(index, value)。

接下来是定义字符串数组，然后调用 searchData 函数，代码如下所示。

📋 **范例程序**

```
01   let arrayOfType = ["Apple", "Guava", "Banana", "Kiwi", "Orange"]
02   let found = searchData(arrayOfType, "Kiwi")
03   println("The index of Kiwi is \(found)")
04
05   let found2 = searchData(arrayOfType, "Pineapple")
06   println("The index of Pineapple is \(found2)")
```

📋 **输出结果**

```
The index of Kiwi is Optional(3)
The index of Pineapple is nil
```

同理，也可以将上述的程序改为整数数组，代码如下所示。

范例程序

```
01   //search integer data
02   func searchData(array: [Int], valueToSearch : Int) -> Int? {
03       for (index, value) in enumerate(array) {
04           if value == valueToSearch {
05               return index
06           }
07       }
08       return nil
09   }
10
11   let arrayOfType = [10, 20, 30, 40, 50]
12   let found = searchData(arrayOfType, 50)
13   println("The index of 50 is \(found)")
14
15   let found2 = searchData(arrayOfType, 60)
16   println("The index of 60 is \(found2)")
```

输出结果

```
The index of 50 is Optional(4)
The index of 60 is nil
```

当然也可以定义一个浮点数的数组，代码如下所示。

范例程序

```
01   //search double data
02   func searchData(array: [Double], valueToSearch : Double) -> Int? {
03   for (index, value) in enumerate(array) {
04   if value == valueToSearch {
05   return index
06           }
07       }
08   returnnil
09   }
10
11   let arrayOfType = [11.1, 22.2, 33.3, 44.4, 55.5]
12   let found = searchData(arrayOfType, 22.2)
13   println("The index of 22.2 is \(found)")
14
15   let found2 = searchData(arrayOfType, 66.6)
16   println("The index of 66.6 is \(found2)")
```

输出结果

```
The index of 22.2 is Optional(1)
The index of 66.6 is nil
```

现在可以将上述三个程序加以比较，以泛型类型表示，先找出其相异处，再以 T 取代，代码如下所示。

范例程序

```
01  func searchData<T: Equatable>(array: [T], valueToSearch : T) -> Int? {
02      for (index, value) in enumerate(array) {
03          if value == valueToSearch {
04              return index
05          }
06      }
07      return nil
08  }
09
10  let arrayofStrings = ["Apple", "Guava", "Banana", "Kiwi", "Orange"]
11  let found = searchData(arrayofStrings, "Kiwi")
12  println("The index of Kiwi is \(found)")
13  let found2 = searchData(arrayofStrings, "Pineapple")
14  println("The index of Pineapple is \(found2)")
15
16  let arrayOfInt = [11, 22, 33, 44, 55]
17  let found3 = searchData(arrayOfInt, 55)
18  println("\nThe index of 55 is \(found3)")
19  let found4 = searchData(arrayOfInt, 66)
20  println("The index of 66 is \(found4)")
21
22  let arrayOfDouble = [11.1, 22.2, 33.3, 44.4, 55.5]
23  let found5 = searchData(arrayOfDouble, 22.2)
24  println("\nThe index of 22.2 is \(found5)")
25  let found6 = searchData(arrayOfDouble, 66.6)
26  println("The index of 66.6 is \(found6)")
```

输出结果

```
The index of Kiwi is Optional(3)
The index of Pineapple is nil

The index of 55 is Optional(4)
```

```
The index of 66 is nil

The index of 22.2 is Optional(1)
The index of 66.6 is nil
```

唯一需要注意的是，因为在泛型类型中使用到相等的协议，所以必须在 T 之后加上 Equatable，否则会产生错误信息。

17.2.2 气泡排序

下面再列举一个大家熟悉的气泡排序（bubble sort）范例。气泡排序是两两相比，若是从小到大，当前一个值比后一个值大时，则交换两者位置，否则不动。例如，想将一个整数数组的元素，从小到大排序，则此时的程序如下。

范例程序

```
01  //sorting integer numbers
02  var arrOfInt = [10, 30, 5, 7, 2, 8, 18, 12]
03  println("Before sorted: ")
04  for i in arrOfInt {
05      print("\(i) ")
06  }
07
08  func bubbleSort(inout arr: [Int]) {
09      var flag: Bool
10      var i: Int, j: Int
11      for i=0; i<arr.count-1; i++ {
12          flag = false
13          for j=0; j<arr.count-i-1; j++ {
14              if arr[j] > arr[j+1] {
15                  flag = true
16                  let temp = arr[j]
17                  arr[j] = arr[j+1]
18                  arr[j+1] = temp
19              }
20          }
21          if flag == false {
22              break
23          }
24      }
25  }
26
27  bubbleSort(&arrOfInt)
```

```
28    println("\nAfter sorted: ")
29    for j in arrOfInt {
30        print("\(j) ")
31    }
32    println()
```

📑 输出结果

```
Before sorted:
10 30 5 7 2 8 18 12
After sorted:
2 5 7 8 10 12 18 30
```

程序中还利用了 Bool 类型的 flag 变量，用于提高排序的效率。flag 的主要目的在于当其为 false 时，循环将会结束，也代表排序已完成。因为当两个数据发生交换时，flag 将被设为 true。外循环的结束条件为小于 arr.count−1，表示要执行的次数；而内循环的结束条件为小于 arr.count−i−1，表示每一次执行时要比较的次数。

和上一个两数对调的程序相同，若要对 double 浮点数排序时，必须再编写一个程序，代码如下所示。

📑 范例程序

```
01    //sorting double numbers
02    var arrOfDouble = [10.1, 30.2, 5.5, 7.23, 2.6, 8.8, 18.1, 12.9]
03    println("Before sorted: ")
04    for i in arrOfDouble {
05        print("\(i) ")
06    }
07
08    func bubbleSort(inout arr: [Double]) {
09        var flag: Bool
10        var i: Int, j: Int
11        for i=0; i<arr.count-1; i++ {
12            flag = false
13            for j=0; j<arr.count-i-1; j++ {
14                if arr[j] > arr[j+1] {
15                    flag = true
16                    let temp = arr[j]
17                    arr[j] = arr[j+1]
18                    arr[j+1] = temp
19                }
20            }
21            if flag == false {
```

```
22              break
23          }
24      }
25  }
26
27  bubbleSort(&arrOfDouble)
28  println("\nAfter sorted: ")
29  for j in arrOfDouble {
30      print("\(j) ")
31  }
32  println()
```

输出结果

```
Before sorted:
10.1 30.2 5.5 7.23 2.6 8.8 18.1 12.9
After sorted:
2.6 5.5 7.23 8.8 10.1 12.9 18.1 30.2
```

除了数组的数据类型改为 Double 外，其余的运行方式都是相同的，同理，若要对字符串排序，也必须再编写一个程序，代码如下所示。

范例程序

```
01  //sorting string
02  var arrOfString = ["Mary", "Peter", "Amy", "Jennifer", "Nancy", "Bright"]
03  println("Before sorted: ")
04  for i in arrOfString {
05      print("\(i) ")
06  }
07
08  func bubbleSort(inout arr: [String]) {
09      var flag: Bool
10      var i: Int, j: Int
11      for i=0; i<arr.count-1; i++ {
12          flag = false
13          for j=0; j<arr.count-i-1; j++ {
14              if arr[j] > arr[j+1] {
15                  flag = true
16                  let temp = arr[j]
17                  arr[j] = arr[j+1]
18                  arr[j+1] = temp
19              }
20          }
```

```
21          if flag == false {
22              break
23          }
24      }
25  }
26
27  bubbleSort(&arrOfString)
28
29  println("\nAfter sorted: ")
30  for j in arrOfString {
31      print("\(j) ")
32  }
33  println()
```

输出结果

```
Before sorted:
Mary Peter Amy Jennifer Nancy Bright
After sorted:
Amy Bright Jennifer Mary Nancy Peter
```

和编写两数对调的泛型类型函数相同，将这些函数的不一样地方找出来，并以 T 表示，同时也在函数名后加上<T>，不过此次多了 Comparable，因为主体内的程序使用比较的运算符，所以要遵守 Comparable 的协议。我们将字符串、整数以及浮点数的排序以一个程序表示，代码如下所示。

范例程序

```
01  //generic bubble sorting
02  func bubbleSort<T: Comparable>(inout arr: [T]) {
03      var flag: Bool
04      var i: Int, j: Int
05
06      for i=0; i<arr.count-1; i++ {
07          flag = false
08          for j=0; j<arr.count-i-1; j++ {
09              if arr[j] > arr[j+1] {
10                  flag = true
11                  let temp = arr[j]
12                  arr[j] = arr[j+1]
13                  arr[j+1] = temp
14              }
15          }
```

```
16              if flag == false {
17                  break
18              }
19          }
20  }
21
22  var arrOfString = ["Mary", "Peter", "Amy", "Jennifer", "Nancy", "Bright"]
23  println("Before sorted: ")
24  for i in arrOfString {
25      print("\(i) ")
26  }
27
28  bubbleSort(&arrOfString)
29
30  println("\nAfter sorted: ")
31  for j in arrOfString {
32      print("\(j) ")
33  }
34
35  var arrOfInt = [12, 9, 8, 35, 2, 10, 17, 9]
36  println("\n\nBefore sorted: ")
37  for i in arrOfInt {
38      print("\(i) ")
39  }
40
41  bubbleSort(&arrOfInt)
42
43  println("\nAfter sorted: ")
44  for j in arrOfInt {
45      print("\(j) ")
46  }
47
48  var arrOfDouble = [1.2, 2.9, 1.8, 3.5, 2.1, 1.1, 0.17, 0.9]
49  println("\n\nBefore sorted: ")
50  for i in arrOfDouble {
51      print("\(i) ")
52  }
53
54  bubbleSort(&arrOfDouble)
55
56  println("\nAfter sorted: ")
57  for j in arrOfDouble {
58      print("\(j) ")
```

```
59  │   }
60  │  println()
```

📖 **输出结果**

```
Before sorted:
Mary Peter Amy Jennifer Nancy Bright
After sorted:
Amy Bright Jennifer Mary Nancy Peter

Before sorted:
12 9 8 35 2 10 17 9
After sorted:
2 8 9 9 10 12 17 35

Before sorted:
1.2 2.9 1.8 3.5 2.1 1.1 0.17 0.9
After sorted:
0.17 0.9 1.1 1.2 1.8 2.1 2.9 3.5
```

到现在为止，大家是否觉得应用泛型类型的好处很多呢？

17.3 关联类型

当定义一个协议时，有时声明一个或多个关联类型作为协议的定义是很有用的。一般情况下，关联类型以 **typealias** 关键字表示。我们对上一个关于队列的范例进行说明，程序如下所示：

```
//associated type
protocol ExtraInformation {
    typealias ItemType
    mutating func append(item: ItemType)
    var count: Int {get}
    subscript(i: Int) -> ItemType {get}
}
```

此为 **ExtraInformation** 协议，它声明一个关联类型 **ItemType**，代码如下。

```
struct QueueInt: ExtraInformation {
    var items = [Int]()
    mutating func push(item: Int) {
        items.append(item)
    }
    mutatingfunc pop() -> Int {
        return items.removeAtIndex(0)
```

```
    }
    //comformance to the ExtraInformation Protocol
    typealias ItemType = Int
    mutating func append(Item: Int) {
        self.push(Item)
    }
    var count: Int {
        return items.count
    }
    subscript(i: Int) -> Int {
        return items[i]
    }
}
```

结构 QueueInt 采纳 ExtraInformation 协议，因此必须实现协议所制定的属性与方法，其中"typealias ItemType = Int"即为关联类型，将 int 赋值给 ItemType，所以 ItemType 是 Int 的别名。

接下来定义一个 queueOfInt 为 QueueInt 的变量，将 100、200、300、400、500 加入到队列中。之后再执行 push、pop 以及 append 动作，其片段程序如下所示。

📑 范例程序

```
01  var queueOfInt = QueueInt()
02  queueOfInt.push(100)
03  queueOfInt.push(200)
04  queueOfInt.push(300)
05  queueOfInt.push(400)
06  queueOfInt.push(500)
07  println("数组中有\(queueOfInt.count)个元素: ")
08  for i in queueOfInt.items {
09      print("\(i) ")
10  }
11  println()
12
13  queueOfInt.pop()
14  println("\n 数组中有\(queueOfInt.count)个元素: ")
15  for i in queueOfInt.items {
16      print("\(i) ")
17  }
18  println()
19
20  queueOfInt.append(600)
21  println("\n 数组中有\(queueOfInt.count)个元素: ")
22  for i in queueOfInt.items {
```

```
23        print("\(i) ")
24    }
25    println()
26
27    println("\nqueueOfInt[2] = \(queueOfInt[2])")
28    println()
```

📑 **输出结果**

```
数组中有 5 个元素:
100 200 300 400 500

数组中有 4 个元素:
200 300 400 500

数组中有 5 个元素:
200 300 400 500 600
queueOfInt[2] = 400
```

若队列的元素是字符串的话，则完整的程序如下。

📋 **范例程序**

```
01    protocol ExtraInformation {
02        typealias ItemType
03        mutating func append(item: ItemType)
04        var count: Int {get}
05        subscript(i: Int) -> ItemType {get}
06    }
07
08    struct QueueString: ExtraInformation {
09        var items = [String]()
10        mutating func push(item: String) {
11            items.append(item)
12        }
13        mutating func pop() -> String {
14            return items.removeAtIndex(0)
15        }
16
17        //comformance to the ExtraInformation Protocol
18        typealias ItemType = String
19        mutating func append(Item: String) {
20            self.push(Item)
21        }
22        var count: Int {
```

```
23          return items.count
24      }
25      subscript(i: Int) -> String {
26          return items[i]
27      }
28  }
29
30  var queueOfString = QueueString()
31  queueOfString.push("Peter")
32  queueOfString.push("Nancy")
33  queueOfString.push("Linda")
34  queueOfString.push("Jennifer")
35  queueOfString.push("Amy")
36  println("数组中有\(queueOfString.count) 个元素: ")
37  for i in queueOfString.items {
38      print("\(i) ")
39  }
40  println()
41
42  queueOfString.pop()
43  println("\n 数组中有\(queueOfString.count) 个元素: ")
44  for i in queueOfString.items {
45      print("\(i) ")
46  }
47  println()
48
49  queueOfString.append("John")
50  println("\n 数组中有\(queueOfString.count) 个元素: ")
51  for i in queueOfString.items {
52      print("\(i) ")
53  }
54  println()
55
56  println("\nqueueOfInt[2] = \(queueOfString[2])")
57  println()
```

📇 输出结果

```
数组中有 5 个元素:
Peter Nancy Linda Jennifer Amy
```

```
数组中有 4 个元素:
Nancy Linda Jennifer Amy

数组中有 5 个元素:
Nancy Linda Jennifer Amy John
```

其实这个范例程序和上一个程序大致相同，只是将 Int 类型改为 String，所以数组元素是字符串。当然，若队列是 Double 浮点数，则还是要再编写一个程序。我们将这两个程序加以比较，就可以将其改为泛型类型，程序如下所示。

范例程序

```swift
01  protocol ExtraInformation {
02      typealias ItemType
03      mutating func append(item: ItemType)
04      var count: Int {get}
05      subscript(i: Int) -> ItemType {get}
06  }
07
08  struct QueueType<T>: ExtraInformation {
09      var items = [T]()
10      mutating func push(item: T) {
11          items.append(item)
12      }
13      mutating func pop() -> T {
14          return items.removeAtIndex(0)
15      }
16
17      //comformance to the ExtraInformation Protocol
18      typealias ItemType = T
19      mutating func append(Item: T) {
20          self.push(Item)
21      }
22      var count: Int {
23          return items.count
24      }
25      subscript(i: Int) -> T {
26          return items[i]
27      }
28  }
29
30  var queueOfData = QueueType<Int>()
31  queueOfData.push(100)
```

```
32    queueOfData.push(200)
33    queueOfData.push(300)
34    queueOfData.push(400)
35    queueOfData.push(500)
36    println("数组中有\(queueOfData.count)个元素")
37    println("Queue has following elements: ")
38    for i in queueOfData.items {
39        print("\(i) ")
40    }
41    println()
42
43    queueOfData.pop()
44    println("数组中有\(queueOfData.count)个元素")
45    println("Queue has following elements: ")
46    for i in queueOfData.items {
47        print("\(i) ")
48    }
49    println()
50
51    queueOfData.append(600)
52    println("数组中有\(queueOfData.count)个元素")
53    println("Queue has following elements: ")
54    for i in queueOfData.items {
55        print("\(i) ")
56    }
57    println()
58
59    println("queueOfData[2] = \(queueOfData[2])")
60    println()
```

输出结果如同上述的整数队列。

大家可以依样画葫芦，利用字符串或浮点数队列来加以验证。

习　题

1. 请以泛型的方式实现栈的添加与删除。

2. 以下程序都有一些错误，请用户加以调试，顺便测验一下大家对本章的了解程度。

（a）

```
struct QueueString {
    var items = [String]()
```

```
    mutating func push(item: String) {
        items.append(item)
    }
    mutating func pop() ->String {
        return items.removeAtIndex(0)
    }
}

var queueOfString = QueueOfString()
queueOfString.push(Guava)
queueOfString.push(Apple)
queueOfString.push(Orange)
queueOfString.push(Kiwi)
queueOfString.push(Mango)
println("Queue has following elements: ")
for i in queueOfString.items {
    print("\(i) ")
}
println()

queueOfString.pop()
println("Queue has following elements: ")
for i in queueOfString.items {
    print("\(i) ")
}
println()

queueOfString.pop()
queueOfString.pop()
println("Queue has following elements: ")
for i in queueOfString.items {
    print("\(i) ")
}
println()

queueOfString.push(Pearl)
println("Queue has following elements: ")
for i in queueOfString.items {
    print("\(i) ")
}
println()
```

（b）

```
func searchData<T>(array: [T], valueToSearch : T) -> Int? {
    for (index, value) in enumerate(array) {
        if value == valueToSearch {
            return index
        }
```

```
        }
    return nil
}

let arrayofStrings = ["Apple", "Guava", "Banana", "Kiwi", "Orange"]
let found = searchData(arrayofStrings, "Kiwi")
println("The index of Kiwi is \(found)")
let found2 = searchData(arrayofStrings, "Pineapple")
println("The index of Pineapple is \(found2)")


let arrayOfInt = [11, 22, 33, 44, 55]
let found3 = searchData(arrayOfInt, 55)
println("\nThe index of 55 is \(found3)")
let found4 = searchData(arrayOfInt, 66)
println("The index of 66 is \(found4)")


let arrayOfDouble = [11.1, 22.2, 33.3, 44.4, 55.5]
let found5 = searchData(arrayOfDouble, 22.2)
println("\nThe index of 22.2 is \(found5)")
let found6 = searchData(arrayOfDouble, 66.6)
println("The index of 66.6 is \(found6)")
```

（c）

```
//generic bubble sorting
func bubbleSort<T>(arr: [T]) {
    var flag: Bool
    var i: Int, j: Int

    for i=0; i<arr.count-1; i++ {
        flag = false
        for j=0; j<arr.count-i-1; j++ {
            if arr[j] > arr[j+1] {
                flag = true
                let temp = arr[j]
                arr[j] = arr[j+1]
                arr[j+1] = temp
            }
        }
        if flag == false {
            break
        }
    }
}

var arrOfString = ["Mary", "Peter", "Amy", "Jennifer", "Nancy", "Bright"]
println("Before sorted: ")
for i in arrOfString {
```

```
    print("\(i) ")
}

bubbleSort(arrOfString)

println("\nAfter sorted: ")
for j in arrOfString {
    print("\(j) ")
}

var arrOfInt = [12, 9, 8, 35, 2, 10, 17, 9]
println("\n\nBefore sorted: ")
for i in arrOfInt {
    print("\(i) ")
}

bubbleSort(arrOfInt)

println("\nAfter sorted: ")
for j in arrOfInt {
    print("\(j) ")
}

var arrOfDouble = [1.2, 2.9, 1.8, 3.5, 2.1, 1.1, 0.17, 0.9]
println("\n\nBefore sorted: ")
for i in arrOfDouble {
    print("\(i) ")
}

bubbleSort(arrOfDouble)

println("\nAfter sorted: ")
for j in arrOfDouble {
    print("\(j) ")
}
println()
```

第 18 章
位运算符与运算符函数

本章将探讨基本的位运算符，以及如何利用位运算符执行一些屏蔽（mask）操作、实现乘除功能以及解决将两数对调等问题，最后编写一些运算符函数来执行特定的操作。

18.1　位运算符

Swift 的位运算符（bitwise operator）有"&"（与）、"|"（或）、"^"（异或）、"~"（反）、"<<"（左移）、">>"（右移）。位运算符的运算优先级基本上比关系运算符更低，但比逻辑运算符要高，不过"~"、"<<"、">>"这三个运算符是例外。位运算符的结合性大多是由左至右。

位运算符"&"表示两个位都为 1 时，结果才为 1，否则为 0，如表 18-1 所示。

表 18-1　位运算符"&"的真值表

位 1	位 2	位 1 & 位 2
0	0	0
0	1	0
1	0	0
1	1	1

位运算符"|"表示在两个位中，只要其中一个位为 1，则其结果将为 1，如表 18-2 所示。

表 18-2　位运算符"|"的真值表

位 1	位 2	位 1	位 2
0	0	0
0	1	1
1	0	1
1	1	1

位运算符"^"表示若两个位不相同时，其结果才为 1，否则为 0，如表 18-3 所示。

表 18-3　位运算符"^"的真值表

位 1	位 2	位 1 ^ 位 2
0	0	0
0	1	1
1	0	1
1	1	0

位运算符"~"表示将位为 1，变为 0；或是将位为 0，变为 1，如表 18-4 所示。

表 18-4　位运算符 ~ 的真值表

位	~ 位
0	1
1	0

让我们来看一些范例程序。

范例程序

```
01  //bitwise operator
02  let a: Int16 = 0b0000000000011101
03  let b: Int16 = 0b0000000000010101
04  var c: Int16
05
06  c = a & b
07  println("\(a) & \(b) = \(c)")
08
09  c = a | b
10  println("\(a) | \(b) = \(c)")
11
12  c = a ^ b
13  println("\(a) ^ \(b) = \(c)")
14
15  c = ~a
16  println("~\(a) = \(c)")
```

输出结果

```
29 & 21 = 21
29 | 21 = 29
29 ^ 21 = 8
```

```
~29 = -30
```

在范例程序中，b1 是 29，以二进制表示为：

```
0000 0000 0001 1101
```

而 b2 是 21，以二进制表示为：

```
0000 0000 0001 0101
```

利用上述的表格可以轻易求出其值。

例如上述的 b1 与 b2 利用 "与" 的位运算符（&）运算时，其结果如下：

```
  0000 0000 0001 1101
& 0000 0000 0001 0101
  0000 0000 0001 0101
```

之后，将 0000 0000 0001 0101 转换为十进制，其值为 21。

若是以 "或" 的位运算符（|）运算，其结果如下：

```
  0000 0000 0001 1101
| 0000 0000 0001 0101
  0000 0000 0001 1101
```

之后，将 0000 0000 0001 1101 转换为十进制，其值为 29。

若是以 "^" 运算符运算，其结果如下：

```
  0000 0000 0001 1101
^ 0000 0000 0001 0101
  0000 00000000 1000
```

之后，将 0000 00000000 1000 转换为十进制，其值为 8。

若是以 "~" 运算符运算 b1，其结果如下：

```
~ 0000 0000 0001 1101
  1111 1111 1110 0010
```

之后，将 1111 1111 1110 0010 转换为十进制。由于最左边的位是 1，所以得知其值为负值，因此，将其转换为 2 补码。1111 1111 1110 0010 的 1 补码为 0000 0000 0001 1101，将此值加 1 即变为 2 补码，所以最后的答案是 0000 0000 0001 1110，转换为十进制后，其值为 −30。

18.1.1 用来判断与设置位的状态

位运算符"&"与"|"经常用来处理屏蔽（mask）的问题。"&"经常用来判断哪些位是 1，而"|"经常用来将某些位设为 1，范例程序如下所示。

范例程序

```
01  var aValue: UInt8 = 17
02  var result: UInt8
03  let mask1: UInt8 = 0x0f
04  let mask2: UInt8 = 0xf0
05
06  //判断最右边的 4 位中哪一个位是 1
07  result = aValue & mask1
08  println("\(aValue) & 00001111 = \(result)")
09
10  //判断最左边的 4 位中哪一个位是 1
11  result = aValue & mask2
12  println("\(aValue) & 11110000 = \(result)")
13
14  //设置最右边的 4 位为 1
15  result = aValue | mask1
16  println("\(aValue) | 00001111 = \(result)")
17
18  //设置最左边的 4 位为 1
19  result = aValue | mask2
20  println("\(aValue) | 11110000 = \(result)")
```

输出结果

```
17 & 00001111 = 1
17 & 11110000 = 16
17 | 00001111 = 31
17 | 11110000 = 241
```

在程序中已加上注释了，所以大家可以很清楚每个表达式的作用。

mask1 是 0x0f，二进制为 0000 1111，由于它是 UInt8 的数据类型，所以它占 1 个 bytes，共 8 个位，以二进制表示为 0001 0001，当 mask1(0000 1111)与 aValue(0001 0001)执行"&"的运算，其结果为 0000 0001，表示从右到左，只有第 1 个位为 1。0000 0001 的十进制值为 1，当 mask2(1111 0000)与 aValue(0001 0001)执行"&"的运算，其结果为 0001 0000，表示从右到左，只有第 5 个位为 1，0001 0000 的十进制值为 16。

同理，当 mask1(0000 1111)与 aValue(0001 0001)执行"|"的运算，其结果为 0001 1111，表示从右到左，第 1 个到第 5 个位都为 1，0001 1111 的十进制值为 31。当 mask2(1111 0000)与 aValue(0001 0001)执行"|"的运算，其结果为 1111 1001，表示从右到左，第 1 个及第 5~8 个位都为 1，1111 1001 的十进制值为 241。

到目前为止所有介绍过的运算符，我们将以表 18-5 的形式做个摘要。

表 18-5 是 Swift 中有关运算符的运算优先级与结合性的信息，越是靠近上面的运算符，其运算顺序越高，优先级由上往下递减。

表 18-5　Swift 运算符的运算优先级与结合性

运算符	结合性
++, --, !, ~	从右到左
*, /, %	从左到右
+, -	从左到右
<<, >>	从左到右
<, <=, >, >=	从左到右
==, !=	从左到右
&	从左到右
^	从左到右
|	从左到右
&&	从左到右
||	从左到右
=, +=, -=, *=, /=, %=	从右到左

18.1.2　实现乘除的功能

接下来，我们叙述位左移运算符的功能，它就好比将某数乘以 2^n。而位右移运算符的功能，则好比是将某数除以 2^n，程序如下所示。

范例程序

```
01  let p: UInt16 = 64
02  var result: UInt16
03  result = p << 2
04  println("\(p) << 2 = \(result)")
05
06  result = p >> 2
07  println("\(p) >> 2 = \(result)")
```

📖 输出结果

```
64 << 2 = 256
64 >> 2 = 16
```

在上述程序中设置 p 为 64，以二进制表示为 0000 0000 0100 0000，当它左移 2 个位时，其结果为 0000 0001 0000 0000，此十进制值为 256，因此，当变量值左移 2 个位时，相当于将此变量值乘以 2^2，也就是将 64 乘以 4。

若将 p 右移 2 个位时，其结果为 0000 0000 0001 0000，此十进制值为 16，所以当变量值右移 2 个位时，相当于将此变量值除以 2^2，也就是将 64 除以 4。

18.1.3 实现两数对调

一般情况下，我们在处理两数对调时，需要借助一个暂时的变量，范例程序如下所示。

📖 范例程序

```
01    var myScore = 100, yourScore = 80
02    println("对调前: myScore = \(myScore), yourScore = \(yourScore)")
03
04    //两数对调动作
05    let temp = myScore
06    myScore = yourScore
07    yourScore = temp
08
09    println("对调后: myScore = \(myScore), yourScore = \(yourScore)")
```

📖 输出结果

```
对调前：myScore = 100, yourScore = 80
对调后：myScore = 80, yourScore = 100
```

一般情况下，对调的动作如下所示：

```
//两数对调动作
let temp = myScore
myScore = yourScore
yourScore = temp
```

上述代码借助第三个变量 temp 完成功能，通过上述的三个步骤，就可以将 myScore 与 yourScore 对调。但若以位运算符 "^" 进行操作，则不需要有暂时的变量，程序代码如下所示。

范例程序

```
01  var myScore = 100, yourScore = 80
02  println("对调前: myScore = \(myScore), yourScore = \(yourScore)")
03
04  //两数对调动作
05  myScore = myScore ^ yourScore
06  yourScore = yourScore ^ myScore
07  myScore  = myScore ^ yourScore
```

输出结果

```
对调前: myScore = 100, yourScore = 80
对调后: myScore = 80, yourScore = 100
```

让我们来验证一下这个有趣的问题。b1 = 10，b2 = 20，以二进制分别表示如下，首先执行如下代码：

```
b1 = b1 ^ b2;
```

```
b1: 0000 00000000 1010
b2: 0000 0000 0001 0100
```

通过"^"运算后的结果为：

```
0000 0000 0001 1110
```

将此赋值给 b1，再来执行如下代码：

```
b2 = b2 ^ b1;
```

```
b2: 0000 0000 0001 0100
b1: 0000 0000 0001 1110
```

通过"^"运算后的结果为：

```
0000 00000000 1010
```

将此赋值给 b2，最后执行如下代码：

```
b1 = b1 ^ b2;
```

```
b1: 0000 0000 0001 1110
b2: 0000 00000000 1010
```

通过"^"运算后的结果为：

```
0000 0000 0001 0100
```

将此赋值给 b1。

所以最后的 b1 为 0000 0000 0001 0100，相当于十进制的 20。而 b2 为 0000 00000000 1010，相当于十进制的 10。由此可见，通过三次的 "^" 运算后，也可将两数对调。

18.2 运算符函数

在类和结构中提供一些重载运算符（overloading operator）来实现已有的运算符。而对于个性化的结构问题，则必须借助运算符函数（operator function）来解决。以下我们将讨论 prefix、postfix 等运算符函数。

18.2.1 prefix 与 postfix 运算符

以下是针对复数（complex number）的相加运算而编写的相关运算符函数。复数包括实数（real）与虚数（imaginary）两部分。由于现有的加法运算符只能作用于基本的数据类型，所以我们要自定义可以处理复数相加的运算符函数，程序代码如下所示。

📱 **范例程序**

```
01  //bitwise operator
02  //operator function
03  struct Complex {
04      var a = 0
05      var b = 0
06  }
07
08  func + (complex1: Complex, complex2: Complex) -> Complex {
09      return Complex(a: complex1.a + complex2.a, b: complex1.b + complex2.b)
10  }
11
12  let oneObject = Complex(a: 5, b: 3)
13  let anotherObject = Complex(a: 2, b: 2)
14  let sumComplex = oneObject + anotherObject
15  println("\(sumComplex.a)+\(sumComplex.b)i" )
```

📄 **输出结果**

```
7+5i
```

从输出结果可以了解两个复数相加的情况。

接着我们来介绍 prefix 与 postfix 运算符，这些运算符与单目运算符有关，可能是正负号运算符或是前置与后置运算符。

下一个范例程序是将复数 5+3i，利用 prefix 运算符将其中的虚数改为负号，程序代码如下所示。

范例程序

```
01  //prefix
02  struct Complex {
03      var a = 0
04      var b = 0
05  }
06
07  prefix func - (complexObject: Complex) -> Complex {
08      return Complex(a: complexObject.a , b: -complexObject.b)
09  }
10
11  let oneObject = Complex(a: 5, b: 3)
12  let negativeObject = -oneObject
13  println("\(negativeObject.a)\(negativeObject.b)i" )
```

输出结果

```
5-3i
```

一般而言，正号比较少用，因为数值的默认符号就是正的。在以下的范例程序中我们将会讨论有关自增运算符，并利用 prefix 与 postfix 来完成任务。

18.2.2　组合赋值运算符

组合赋值运算符（compound assignment operator）将组合等号运算符（=）与其他运算符，如算术赋值运算符（+=），即组合算术运算符与等号运算符，使得加法和赋值以单行的形式表示。此类的实现需要在运算符的左参数中加上 inout，程序代码如下所示。

范例程序

```
01  struct Complex {
02      var a = 0
03      var b = 0
04  }
```

```
05
06   func + (complex1: Complex, complex2: Complex) -> Complex {
07       return Complex(a: complex1.a + complex2.a, b: complex1.b + complex2.b)
08   }
09
10   func += (inout complex1: Complex, complex2: Complex) {
11       complex1 = complex1 + complex2
12   }
13
14   var oneObject = Complex(a: 5, b: 3)
15   let anotherObject = Complex(a: 2, b: 2)
16   oneObject += anotherObject
17   println("\(oneObject.a)+\(oneObject.b)i" )
```

📇 输出结果

```
7+5i
```

值得注意的是如下代码：

```
func += (inout complex1: Complex, complex2: Complex) {
    complex1 = complex1 + complex2
}
```

由于 complex1 是表达式左边的变量（因为 complex1 的值将会改变），所以必须加上 inout，我们再来看分数（fraction）的相加，程序代码如下所示。

📇 范例程序

```
01   //arithmetic assignment operator
02   struct Fraction {
03       var numerator = 0
04       var denominator = 0
05   }
06
07   func + (fraction1: Fraction, fraction2: Fraction) -> Fraction {
08       return Fraction(numerator: fraction1.numerator * fraction2.denominator +
09                   fraction1.denominator * fraction2.numerator,
10               denominator: fraction1.denominator * fraction2.denominator)
11   }
12
13   func += (inout fraction1: Fraction, fraction2: Fraction) {
14       fraction1 = fraction1 + fraction2
15   }
```

```
16
17   var oneObject = Fraction(numerator: 1, denominator: 4)
18   let anotherObject = Fraction(numerator: 1, denominator: 2)
19   oneObject += anotherObject
20   println("\(oneObject.numerator) / \(oneObject.denominator)" )
```

输出结果

```
6/8
```

和上一个范例程序一样，需要在"func +="函数的 fraction1 参数前加上 inout。以下将讨论自增运算符和相等运算符的程序，这些都会使用上述的"func +"与"func +="。先来看一下前置自增运算符"++"，程序代码如下所示。

范例程序

```
01   //increment operator
02   //prefix operator
03   struct Complex {
04       var a = 0
05       var b = 0
06   }
07
08   func + (complex1: Complex, complex2: Complex) -> Complex {
09       returnComplex(a: complex1.a + complex2.a, b: complex1.b + complex2.b)
10   }
11
12   func += (inout complex1: Complex, complex2: Complex) {
13       complex1 = complex1 + complex2
14   }
15
16   prefix func ++ (inout complex: Complex) ->Complex {
17       complex += Complex(a: 1, b: 1)
18       return complex
19   }
20
21   var toIncrement = Complex(a: 5, b: 4)
22   let out = ++toIncrement
23
24   println("\(toIncrement.a)+\(toIncrement.b)i" )
25   println("\(out.a)+\(out.b)i" )
```

输出结果

```
6+5i
```

```
6+5i
```

其中:

```
prefix func ++ (inout complex: Complex) -> Complex {
    complex+=Complex(a: 1, b: 1)
    return complex
}
```

上述代码将参数 complex 利用"+="运算符将复数的实数和虚数加上 1，然后赋值给 complex，所以其参数将设为 inout。从输出结果可知，它符合先加 1 再赋值的原则。这是前置的"++"运算符函数，它是单目运算符，记得要在 func 前加上 prefix。大家也可以编写一个后置"++"运算符函数，就作为习题让大家练习吧！

接下来，我们将讨论等于（==）与不等于（!=）运算符。请看以下的范例程序。

📑 范例程序

```
01  //equivalance operator
02  struct Complex {
03      var a = 0
04      var b = 0
05  }
06
07  func == (complex1: Complex, complex2: Complex) -> Bool {
08      return (complex1.a == complex2.a) && (complex1.b == complex2.b)
09  }
10
11  func != (complex1: Complex, complex2: Complex) -> Bool {
12      return !(complex1 == complex2)
13  }
14
15  let obj1 = Complex(a: 5, b: 3)
16  let obj2 = Complex(a: 5, b: 3)
17  if obj1 == obj2 {
18      println("These two complex numbers are equivalent.")
19  }
```

📑 输出结果

```
These two complex numbers are equivalent.
```

从输出结果可以看出这两个复数是相等的。

18.2.3 个性化运算符

除此之外，还可以使用 prefix 或 postfix 加上 operator 来自定义运算符函数，例如，个性化 "+++" 运算符函数，将某个 complex 的实数与虚数分别相加，也就是将实数和虚数乘以 2，程序代码如下所示。

范例程序

```
01  //custom operator
02  struct Complex {
03      var a = 0
04      var b = 0
05  }
06
07  func + (complex1: Complex, complex2: Complex) -> Complex {
08      return Complex(a: complex1.a + complex2.a, b: complex1.b + complex2.b)
09  }
10
11  func += (inout complex1: Complex, complex2: Complex) {
12      complex1 = complex1 + complex2
13  }
14
15  prefix operator +++ {}
16  prefix func +++ (inout complex: Complex) -> Complex {
17      complex += complex
18      return complex
19  }
20
21  var obj3 = Complex(a: 5, b: 3)
22  let obj4 = +++obj3
23  println("\(obj3.a)+\(obj3.b)i" )
24  println("\(obj4.a)+\(obj4.b)i" )
```

输出结果

```
10+6i
10+6i
```

值得注意的是如下代码：

```
prefix operator +++ {}
prefix func +++ (inout complex: Complex) -> Complex {
    complex+= complex
    return complex
```

```
}
```

首先是：

```
prefix operator +++ {}
```

上述语句表示声明一个个性化的运算符函数"+++"。接着如同"++"运算符函数一样，由于 complex 值会改变，所以必须加上 inout。而"complex += complex"表示将执行自己加自己的操作，也就是乘以 2 的意思。这是前置的"+++"运算符函数，还可以编写一个个性化的后继"+++"运算符函数，就作为习题让大家练习吧！

习 题

1. 请实现第 18.2.2 小节中组合赋值运算符中有关 postfix 的"++"函数，方法和"prefix ++"类似，若用以下片段程序测试时：

```
var anotherIncrement = Complex(a: 10, b: 5)
let out2 = anotherIncrement++

println("\(out2.a)+\(out2.b)i" )
println("\(anotherIncrement.a)+\(anotherIncrement.b)i" )
```

则其输出结果如下：

```
10+5i
11+6i
```

2. 请实现第 18.2.3 小节中个性化运算符 postfix 的"+++"函数，方法和"prefix+++"类似，若用以下片段程序测试时：

```
var obj3 = Complex(a: 5, b: 3)
let obj4 = obj3+++

println("\(obj4.a)+\(obj4.b)i" )
println("\(obj3.a)+\(obj3.b)i" )
```

则其输出结果如下：

```
5+3i
10+6i
```

3. 试问以下程序的输出结果。

（a）

```
let p: UInt16 = 64
```

```
var result: UInt16
result = p << 3
println("\(p) << 3 = \(result)")

result = p >> 3
println("\(p) >> 3 = \(result)")
```

（b）

```
var aValue: UInt8 = 13
var result: UInt8
let mask1: UInt8 = 0x0f
let mask2: UInt8 = 0xf0

result = aValue & mask1
//判断最右边的 4 位中哪一位是 1
println("\(aValue) & 00001111 = \(result)")

result = aValue & mask2
//判断最左边的 4 位中哪一位是 1
println("\(aValue) & 11110000 = \(result)")

//设置最右边的 4 位为 1
result = aValue | mask1
println("\(aValue) | 00001111 = \(result)")

//设置最左边的 4 位为 1
result = aValue | mask2
println("\(aValue) | 11110000 = \(result)")
```

（c）

```
//bitwise operator
let a: Int16 = 0b0000000000011011
let b: Int16 = 0b0000000000010101
var c: Int16

c = a & b
println("\(a) & \(b) = \(c)")

c = a | b
println("\(a) | \(b) = \(c)")

c = a ^ b
println("\(a) ^ \(b) = \(c)")

c = ~a
println("~\(a) = \(c)")
```

4. 以下的程序有一些错误，能否请你帮忙查错，顺便检测一下大家对本章的了解程度。

（a）

```
var myScore = 100, yourScore = 80
println("对调前: myScore = \(myScore), yourScore = \(yourScore)")

//两数对调动作
myScore = myScore ^ yourScore
yourScore = yourScore ^ myScore

println("对调后: myScore = \(myScore), yourScore = \(yourScore)")
```

（b）

```
struct Complex {
    var a = 0
    var b = 0
}

@infix func + (complex1: Complex, complex2: Complex) -> Complex {
    return Complex(a: complex1.a + complex2.a, b: complex1.b + complex2.b)
}

@infix func += (complex1: Complex, complex2: Complex) {
    complex1 = complex1 + complex2
}

var oneObject = Complex(a: 5, b: 3)
let anotherObject = Complex(a: 2, b: 2)
oneObject += anotherObject
println("\(oneObject.a)+\(oneObject.b)i" )
```

（c）

```
//custom operator
struct Complex {
    var a = 0
    var b = 0
}

@infix func + (complex1: Complex, complex2: Complex) -> Complex {
    return Complex(a: complex1.a + complex2.a, b: complex1.b + complex2.b)
}

@assignment func += (inout complex1: Complex, complex2: Complex) {
    complex1 = complex1 + complex2
}
```

```
prefix +++ {}
@prefix func +++ (complex: Complex) -> Complex {
    complex += complex
    return complex
}

var obj3 = Complex(a: 5, b: 3)
let obj4 = +++obj3
println("\(obj3.a)+\(obj3.b)i" )
println("\(obj4.a)+\(obj4.b)i" )
```